中国水利教育协会　组织

全国水利行业"十三五"规划教材（中等职业教育）

水利工程测量

主　编　陈兰兰

副主编　张亚双　王朝林

中国水利水电出版社
www.waterpub.com.cn
·北京·

内 容 提 要

本书是根据《关于制定中等职业学校专业教学标准的意见》（教职成厅〔2012〕5号）及全国水利职业教育教学指导委员会制定的《中等职业学校水利水电工程施工专业教学标准》，按照中等职业人才培养要求及教学特点编写。全书共分 12 章，主要内容包括测量学的基础知识、水准测量、角度测量、距离测量和直线定向、测量误差的基本知识、小区域控制测量、地形图的测绘、地形图的应用、施工测设的基本方法、渠道测量、水工建筑物的施工放样和卫星导航定位技术及其在工程中的应用。本书配有《水利工程测量技能指导习题册》（另册）。

本书可供水利水电工程施工、水利水电工程技术、农业水利工程技术、给排水工程施工与运行等专业的中等职业学校教学使用，也可供从事上述专业工作的技术人员参考。

图书在版编目（CIP）数据

水利工程测量 / 陈兰兰主编. -- 北京 ：中国水利水电出版社，2017.1
全国水利行业"十三五"规划教材. 中等职业教育
ISBN 978-7-5170-5186-2

Ⅰ．①水… Ⅱ．①陈… Ⅲ．①水利工程测量－中等专业学校－教材 Ⅳ．①TV221

中国版本图书馆CIP数据核字(2017)第028374号

书　　名	全国水利行业"十三五"规划教材（中等职业教育） **水利工程测量** SHUILI GONGCHENG CELIANG
作　　者	主编　陈兰兰　副主编　张亚双　王朝林
出版发行	中国水利水电出版社 （北京市海淀区玉渊潭南路 1 号 D 座　100038） 网址：www. waterpub. com. cn E - mail：sales@waterpub. com. cn 电话：(010) 68367658（营销中心）
经　　售	北京科水图书销售中心（零售） 电话：(010) 88383994、63202643、68545874 全国各地新华书店和相关出版物销售网点
排　　版	中国水利水电出版社微机排版中心
印　　刷	北京瑞斯通印务发展有限公司
规　　格	184mm×260mm　16 开本　16.5 印张　346 千字
版　　次	2017 年 1 月第 1 版　2017 年 1 月第 1 次印刷
印　　数	0001—3000 册
定　　价	**42.00**元

前 言

　　本书是根据教育部办公厅《关于制定中等职业学校专业教学标准的意见》（教职成厅〔2012〕5号）等文件精神，以及全国水利职业教育教学指导委员会制定的《中等职业学校水利水电工程施工专业教学标准》的具体要求组织编写的。

　　本书遵循中等职业学校教学特点，在正确阐述基本理论的基础上，突出实际应用，重点介绍了工程测量的高程、角度、距离三项基本测量工作，小区域控制测量，地形图测绘及应用，水工建筑物施工放样，卫星导航定位技术及其在工程中的应用等相关知识。为突出中等职业教学特点，强化学生独立思考及解决问题的能力，配套编写了《水利工程测量技能指导习题册》，结合工程实例阐述了工程测量的基本计算，使学生在做大量技能型习题的基础上，对工程测量在工程施工中的应用有充分的认识，能较好掌握技能知识并应用于工程施工测量中。

　　《水利工程测量技能指导习题册》（另册）分为复习思考题和综合技能习题两个部分，复习思考题注重基础知识的训练，综合技能习题注重综合技能训练。

　　本书编写人员及编写分工如下：贵州省水利电力学校（已调入贵州轻工职业技术学院）陈兰兰（第1章、第5章、第7章、第6章6.4），长春水利电力学校张亚双（第2章、第4章4.5～4.6），甘肃省水利水电学校王朝林（第3章）、王炜栋（第10章），云南水利水电学校肖永丽（第4章4.1～4.4），新疆水利水电学校汪小伟（第6章6.1～6.3、6.5）、胡琼娟（第8章）、康旭（第9章），北京水利水电学校苏宇航（第11章）、常玉奎（第12章）。《水利工程测量技能指导习题册》复习思考题部分由以上编写组成员分别编写，综合技能习题部分由陈兰兰、张亚双编写。本书由陈兰兰担任主编，并负责全书统稿，由张亚双、王朝林担任副主编，肖永丽、胡琼娟、康旭、常玉奎、汪小伟、王炜栋、苏宇航参与编写。

由于编者水平有限，加之时间仓促，书中难免存在缺点和错误，敬请读者批评指正。

编　者

2017 年 1 月

目　录

第1章 测量学的基础知识

【学习内容及教学目标】

通过本章学习，了解测量学的研究对象和任务；理解地球的形状和大小的概念；掌握水准面及大地水准面的定义；了解参考椭球面的概念；了解大地坐标、高斯平面直角坐标概念；掌握独立平面直角坐标的概念；掌握地面点的高程及高差概念；了解用水平面代替水准面的限度及测量工作的基本原则；熟练掌握测量常用度量单位换算。

【能力培养要求】

(1) 具有基本的测量学基础知识。

(2) 具有测量常用度量单位换算能力。

1.1 测量学的研究对象和作用

1.1.1 测量学的定义及研究对象

测量学是研究和确定地面、地下及空间物体相互位置的一门科学，其主要研究对象有三个方面：一是研究地球的形状和大小，为地球形变、地震预报及空间技术等研究提供资料和数据；二是将地球表面形态和信息测绘成图，即用测量仪器和相应的方式将地球表面的地物及地貌测绘到图纸上，为工程建设提供重要的测绘资料，这个过程一般可称为测定；三是用测量仪器及工具采用一定的方法将图纸上设计好的建筑物和构筑物放样到实地上，以指导施工按照设计要求有序地进行，对应于测定，这个过程可称为测设。另外，建筑物和构筑物在施工过程中或者在运营阶段，为了保证其安全性，需按一定的方式进行变形监测。

1.1.2 测量学的作用

随着社会的发展，测量学也在向专门化、多样化发展，目前，测量学在国民经济建设中起着越来越重要的作用，主要体现在如下几个方面。

1. 测量是国民经济建设和社会发展规划的一项基础工作

这项工作称为基础测绘，首先是建立全国统一的测绘基准和测绘系统，建立国家或大区域的精密控制网，为大规模的地形图测绘及工程测量提供高精度的平面及高程控制网；其次是测制和更新国家基本比例尺地形图，建立和更新基础地理信息数据库，及时详尽地反映国土资源的分布情况，直接服务于国土资源管理、生态环境监测、资源调查、土地利用现状及变化趋势调查、水土综合治理等方面。

2. 测量是工程建设各阶段顺利进行的前提基础

测量在水利、矿山、道路、军事、工业及民用建筑等工程建设中，起着非常重要的作用，主要体现在工程建设的四个阶段。比如，在工程的规划设计阶段，需要建立服务于工程建设的高等级控制网及施工控制网，测制地形图，为工程建设的选址、选线、设计提供图纸资料；在工程的施工阶段，按照设计要求在实地标定建筑物各部分的位置及高程，为施工定位提供依据；在工程的竣工验收阶段，为了检验工程是否符合设计要求，需要进行竣工测量，竣工测量资料是工程运营管理阶段的重要资料；对于大型和重要工程，运营阶段定期采用一定的方式进行安全监测，及时发现建筑物的变形和位移，评估其稳定性，及时发现异常变化，以便采取安全措施。

3. 测量是空间科学研究的一项主要基础工作

测量为空间科学技术和军事用途等提供精确的点位坐标、距离、方位及地球重力场资料。为研究地球形状、大小、地壳升降、板块位移、地震预报等科学问题提供资料。比如，人造卫星、远程导弹、航天器等的发射、精确入轨及轨道校正，需要精确的点位坐标和有关地域的重力场资料。

测量学，在人们的日常生活和社会活动中应用已越来越广泛，例如，交通图已成为司机的必备，电子导航已成为人们出行的首选，各种指示性地图成为人们逛街、购物的引导等。

1.2 地面点位置的表示方法

1.2.1 地球的形状和大小

测量工作的主要任务就是确定地面点的位置，位置的表示一般采用坐标的方式，如何在地面上建立坐标系统，是测量需要解决的重要问题。现在，我们已经具有很多确定点位的方式，这些方式都是基于地球而建立的，所以，测绘工作者必须对地球的形状和大小有明确的认识。

我们生活的地球，随着人类科技的发展，对地球的认识也越来越清晰。地球是一个两极略扁的椭球，陆地面积占 29%，海洋面积占 71%，地球的自然表面是极不规则的，高低起伏，有最高的高峰——珠穆朗玛峰，海拔高程 8844.43m，最低的深谷——马里亚纳海沟，深达 11034m。但是，这些高低起伏状态针对于地球来说及其微小，所以，我们可以把地球想象成一个水球，被一个静止状态的海水面包裹起来，这个静止状态的海水面称为水准面。由于海水有潮汐的作用，所以就存在无数个静止状态的海水面，假想将无数个静止状态的海水面取一个平均值，即得到一个所谓的平均海水面，将这个平均海水面延伸穿过所有的大陆和岛屿而形成一个封闭的曲面，曲面处处与重力方向垂直，这个曲面称为大地水准面。大地水准面所包围的形体，称为大地体，通常用大地体代表地球的一般形状。

通过大地水准面的引入，实际上是将自然地球简化成为大地体，大地体要比自然地球规则得多。但由于地球内部质量分布的不均匀，所以，大地水准面仍然是一个不规则曲面。在这个不规则曲面上，是无法进行各种测量计算的，为了能在地球表面上进行计算，我们假想以一个和大地体非常接近的、有规则表面的数学形体——旋转椭球体来代替大地体，将它作为测量工作中实际应用的地球形状。

旋转椭球体是由椭圆 NWSE 绕短轴
NS 旋转而成，旋转椭球体还必须通过定
位，确定其与大地体的相对关系。如图 1.1
所示，在一个国家或一个区域，选择一点
T，设想把椭球体与大地水准面相切于 T
点，T 点的法线与大地水准面的铅垂线重
合，在这个位置上与大地水准面的关系固
定下来的椭球体称为参考椭球体。

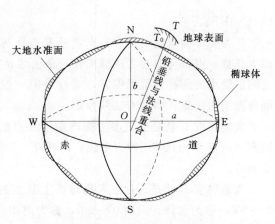

图 1.1　大地水准面与椭球面

参考椭球的元素有长半径 a、短半径 b
和扁率 α。在参考椭球体的定位中，我国曾
采用的是苏联克拉索夫斯基椭球的定位参
数（$a = 6378245$m，$b = 6356863$m，$\alpha = 1/298.3$），由此椭球建立的坐标系称为 1954 年北京坐标系。由于该椭球面与我国的大地水准面并不相吻合，故从 1980 年以后，采用 1975 年国际大地测量与地球物理联合会第十六届大会推荐的椭球参数（$a = 6378140$m，$b = 6356755$m，$\alpha = 1/298.257$），建立我国新的坐标系，称为 1980 西安坐标系。该坐标系的大地原点设在陕西省泾阳县永乐镇。1980 西安坐标系在中国经济建设、国防建设和科学研究中发挥了巨大作用。

但是，北京坐标系和西安坐标系都是建立在参考椭球的基础上，随着社会的进步，国民经济建设、国防建设和社会发展、科学研究等对国家大地坐标系提出了新的要求，迫切需要采用原点位于地球质量中心的坐标系统（地心坐标系）作为国家大地坐标系。2008 年 3 月，由国土资源部正式上报国务院批准，自 2008 年 7 月 1 日起，中国全面启用 2000 国家大地坐标系。

2000 国家大地坐标系是全球地心坐标系在我国的具体体现，其原点为包括海洋和大气的整个地球的质量中心。2000 国家大地坐标系采用的地球椭球参数为：长半轴 $a = 6378137$m，扁率 $\alpha = 1/298.257222101$。

1.2.2　确定地面点位的方法

地面点的位置是沿基准线方向投影到基准面用坐标及高程来表示的。

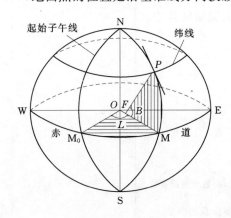

图 1.2　大地坐标

1.2.2.1　地面点的坐标

1. 大地坐标

用大地经度 L 和大地纬度 B 表示地面点在参考椭球面上投影位置的坐标，称为大地坐标。

如图 1.2 所示，O 为参考椭球的球心，NS 为椭球旋转轴，通过球心 O 且垂直于 NS 旋转轴的平面称为赤道面（WM_0ME），赤道面与参考椭球面的交线称为赤道，通过 NS 旋转轴的平面称为子午面，子午面与椭球面的交线称为子午线，又称经线，其中通过英国格林尼治天文台的子午面和子午线分别称为起始子午面（NM_0SON）和起始子午

线（NM_0S）。

P 为参考椭球面上任意一点，过 P 点作与该点切平面垂直的直线 PS，称为法线，地面上任意一点都可向参考椭球面作一条法线，它与该点的铅垂线互不重合，铅垂线与法线之间的微小夹角称为垂线偏差，垂线偏差一般在 $5''$ 以内，最大不超过 $1'$。地面点在参考椭球面上的投影，即沿着法线投影。

大地经度 L 就是通过参考椭球面上某点的子午面与起始子午面的夹角，由起始子午面起，向东 $0°\sim180°$，称为东经；向西 $0°\sim180°$，称为西经。同一子午线上各点的大地经度相等。

大地纬度 B 就是通过参考椭球面上某点的法线与赤道面的夹角，从赤道面起，向北 $0°\sim90°$，称为北纬；向南 $0°\sim90°$，称为南纬。纬度相等的各点连线称为纬线，它平行于赤道，也称为平行圈。

地面点的大地经度及大地纬度可通过大地测量确定。

2. 高斯平面直角坐标

大地坐标只能表示地面点在椭球面上的位置，椭球面是一个不可展开的曲面，要将椭球面上的图形描绘在平面上，需要采用地图投影的方法将球面坐标转换成平面坐标，我国采用高斯投影的方法来进行转换，由高斯分带投影建立的坐标系称为高斯平面直角坐标系，因为转换具有一定的规律性，所以，大地坐标和高斯平面直角坐标可以互相转换。

图 1.3 独立坐标系示意图

3. 独立平面直角坐标

当测区范围较小时，可以用水平面代替水准面作为测量的基准面，将地面点沿铅垂线方向垂直投影到水平面上。以南北方向作为 x 轴，向北为正，向南为负；东西方向作为 y 轴，向东为正，向西为负，组成独立平面直角坐标系，为了使坐标皆为正值，一般将坐标原点设在测区的西南角位置，如图 1.3 所示。

测量上所采用的平面直角坐标与数学上的平面直角坐标不同。如图 1.4 所示，它的纵轴为 x 轴，象限编号从北东方向为第一象限顺时针编号，这样的变换，不影响三角公式及符号规则，所以数学三角公式及规则可直接使用到测量计算中。

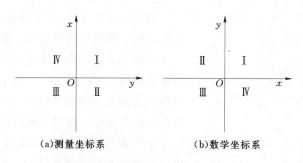

(a)测量坐标系　　　　　(b)数学坐标系

图 1.4 测量坐标系与数学坐标系的区别

1.2.2.2 地面点的高程及高差

高程可分为两种，分别是绝对高程和相对高程，用"H"表示。

1. 绝对高程

地面点到大地水准面的铅垂距离称为绝对高程或海拔。

如图 1.5 所示，地面上有 A、B 两点，过 A、B 两点分别作铅垂线，该点沿铅垂线方向到大地水准面的距离就是绝对高程，如 A 点的绝对高程就是 H_A，B 点的绝对高程就是 H_B。

2. 相对高程

地面点到假定水准面的铅垂距离称为相对高程。

如图 1.5 所示，过 A、B 两点分别作铅垂线，该点沿铅垂线方向到假定水准面的距离就是相对高程，如 A 点的相对高程就是 H'_A，B 点的相对高程就是 H'_B。

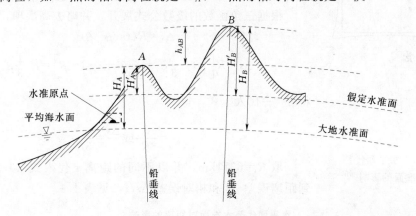

图 1.5　地面点的高程与高差

3. 高差

地面上两点的高程之差称为高差，用"h"表示。

如图 1.5 所示，A、B 两点的高差为：

$$h_{AB} = H_B - H_A = H'_B - H'_A \tag{1.1}$$

从上式可得出，两点的高差与高程起算面的选择无关，所以，在小区域范围内进行测量工作时，可选择假定高程系统。

新中国成立以来，采用青岛验潮站 1950—1956 年的水位观测资料推算的黄海平均海水面作为我国的高程起算面，称为"1956 黄海高程系"，并在青岛观象山的一个山洞里设置了水准原点，采用精密水准测量方法施测水准原点的高程，其高程为 72.289m，作为全国各地高程推算的依据。1987 年，国家测绘总局决定启用青岛验潮站 1952—1979 年的水位观测资料确定的黄海平均海水面作为我国的高程起算面，称为"1985 年国家高程基准"，重新施测了水准原点的高程为 72.2604m。

1.3　水平面代替水准面的限度

在地形测量中，当测区的面积不大时，可以用水平面代替水准面作为测量的基准面，那么，究竟在多大的范围可以用水平面来代替水准面呢？

1.3.1　用水平面代替水准面对距离的影响

如图 1.6 所示，设地面上有 A、B 两点，沿着铅垂线投影，A 点沿着铅垂线投影到曲面上为 a 点，又设球面 P 与平面 P' 相切于 a 点，B 点沿着铅垂线投影到曲面 P 上为 b 点，投影到平面 P' 上为 b' 点，地面线 AB 投影到平面的长度为 ab'，投影到曲面的长度为 ab，设 $ab=s$，$ab'=s'$，球的半径为 R。

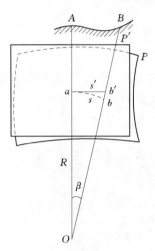

图 1.6　水平面代替
水准面的影响

$$s' = R\tan\beta$$
$$s = R\beta$$

用投影到平面的长度 s' 代替投影到曲面的长度 s，其所产生的误差为

$$\Delta s = s' - s = R\tan\beta - R\beta = R(\tan\beta - \beta)$$

根据三角函数的级数公式展开，并略去高次项，得

$$\Delta s = R(\tan\beta - \beta)$$

$$\Delta s = R\left[\left(\beta + \frac{1}{3}\beta^3 + \frac{2}{15}\beta^5 + \cdots\right) - \beta\right] = R\frac{1}{3}\beta^3$$

将 $\beta = \dfrac{s}{R}$ 代入上式，得

$$\Delta s = \frac{s^3}{3R^2} \text{ 或 } \frac{\Delta s}{s} = \frac{s^2}{3R^2} \tag{1.2}$$

取 $R = 6371\text{km}$，并以不同的距离 s 代入式（1.2），可得到距离误差 Δs 和相对误差 $\Delta s/s$，见表 1.1。

表 1.1　　　　　　　　　　水平面代替水准面对距离的影响

距离 s/km	距离误差 $\Delta s/\text{cm}$	相对误差 $\Delta s/s$
10	0.82	1：1200000
25	12.83	1：200000
50	102.65	1：49000
100	821.23	1：12000

由表 1.1 可看出，当距离为 10km 时，以平面代替曲面所产生的距离相对误差为 1：120 万，这样微小的误差，就算是最精密的测距也是容许的。因此，在半径为 10km 的范围内，用水平面代替水准面对距离的影响极小，可以忽略不计。

1.3.2　用水平面代替水准面对高程的影响

如图 1.6 所示，bb' 即为用水平面代替水准面产生的高程误差。设 $bb' = \Delta h$，则

$$(R + \Delta h)^2 = R^2 + s'^2_2$$
$$2R\Delta h + \Delta h^2 = s'^2_2$$
$$\Delta h = \frac{s'^2_2}{2R + \Delta h}$$

由于 $s \approx s'$，同时 Δh 与 R 比较，Δh 极小，可以忽略不计，所以，上式可转换为

$$\Delta h = \frac{s^2}{2R} \tag{1.3}$$

以不同的距离代入上式，可得到高程误差，见表 1.2。

表 1.2 　　　　　　　　　　水平面代替水准面对高程的影响

s/km	0.1	0.2	0.3	0.4	0.5	1	2	5	10
Δh/cm	0.08	0.31	0.71	1.26	1.96	7.85	31.39	196.20	784.81

由表 1.2 可知，用水平面代替水准面对高程的影响极大，所以，在高程测量中即使距离很短的情况下，也必须考虑地球曲率对高程的影响。

1.4 点位的测定原理及测量工作原则

1.4.1 地形特征点的测定原理

传统测量工作，需要测定某个地方的地形图，如图 1.7 所示。首先将仪器安置在一个点上，这个点称为测站点，在点 A 上安置仪器，照准另外一个已知点 M，测出直线 AM 与直线 A1 的夹角 β_1，点 A 到点 1 的距离 D_1，就可确定出 I 栋房屋的点 1，测出直线 AM 与直线 A2 的夹角 β_2，点 A 与点 2 的距离 D_2，就可确定出 I 栋房屋的点 2，以此方法可得出房屋其他点的位置信息，从而测绘成图。

这些能够表示出地物与地貌轮廓的转折点、交叉点、曲线上的方向变换点、天然地貌的山顶、鞍部、山谷、山脊等地物与地貌的外貌特征性质的点，称为特征点。地形测绘就是测定出地物及地貌特征点的位置，并通过特征点之间的相互关系绘制成图。

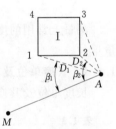

图 1.7 地物特征点
测定原理

1.4.2 测量工作的基本原则

如果在施测的过程中，如图 1.8 所示，在 A 点施测完周围的地物和地貌之后，同时测定 B 点的位置，然后将仪器安置到 B 点进行观测，继而测定 C 点的位置，又在 C 点上继续观测，一直往前推进，如此直至测完整个测区。采取这样的方式测量，由于每一站都会有误差，如：A 点观测 B 点时产生了角度误差 $\Delta\beta$，距离误差 $\Delta D'$，使 B 点的平面位置移至 B'，用 B' 点施测 II 栋房屋，使 II 栋房屋从正确的位置 5—6—7—8 移至 $5'—6'—7'—8'$，由于 B 站的误差，C 点的位置移至 C'，又因 B 测站测定 C 点时又产生角度误差 $\Delta\beta$，距离误差 $\Delta D''$ 致使 C 点的位置最终移至 C''，以至于 III 栋房屋从 9—10—11 位置移至 $9'—10'—11'$，产生极大的位移，如我们按照此方法往前推进，最后误差会越来越大，就不能得到一幅满足精度要求的地形图。

所以，测量中为了防止误差的过量累计，应该首先在测区里布设一定数量及密度的控制点，采用较为精密的测量方法测定这些控制点的距离、角度和高差，采用相关的数学知识，推算出这些控制点的坐标和高程。当然，目前我们还可以通过全球卫星定位系统，直接测定出控制点的精确坐标及较为精确的高程，这个过程称为控制测量。然后用这些具有精确坐标的控制点去施测它周围的地物地貌，这个过程称为碎部测量。由于控制测量中所

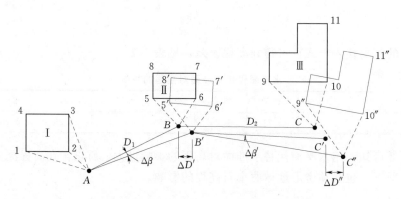

图 1.8 测量误差累计对地形测图的影响

测定的控制点都满足相应的精度要求，在每个控制点上施测所产生的误差只影响局部，不致影响全局，这就是测量的基本原则"先整体后局部，先控制后碎部"具体体现。如图 1.8 所示，如果 A、B、C 三点都具有同样较高的精度，就不会产生越来越大的累计误差。

施工放样同样遵循这样的原则，先布设施工控制网，然后再将建筑物的细部轮廓测设到实地上。

1.5 测量上常用的度量单位

测量上常用的度量单位有长度、角度、面积等度量单位，下面分别介绍三种常用的度量单位。

1.5.1 长度单位及其换算关系

长度单位及其换算关系见表 1.3。

表 1.3   长度单位及其换算关系

公　　制	市　　制
1 千米（km）＝1000 米（m）	1 市尺＝10 市寸 　　　　＝100 市分 　　　　＝1000 市厘
1 米（m）＝10 分米（dm） 　　　　＝100 厘米（cm） 　　　　＝1000 毫米（mm） 　　　　＝1000000 微米（μm）	1 米（m）＝3 市尺
	1 千米（km）＝2 市里

1.5.2 角度单位及其换算关系

角度单位及其换算关系见表 1.4。

表 1.4   角度单位及其换算关系

六十进制	弧　度　制
1 圆周＝360°（度）	1 圆周＝2π 弧度
1°（度）＝60′（分）	180°＝π 弧度
1′（分）＝60″（秒）	1 弧度＝180°/π＝57.2958°＝3438′＝206265″

1.5.3　面积单位及其换算关系

面积单位及其换算关系见表1.5。

表 1.5　　　　　　　　　　　　面积单位及其换算关系

公　　制	市　　制
1（km²）＝1000000（m²）	1公顷（ha）＝15市亩 ＝100公亩 ＝10000（m²）
1（m²）＝100（dm²） ＝10000（cm²） ＝1000000（mm²）	1市亩＝666.7（m²）

第 2 章 水 准 测 量

【学习内容及教学目标】

通过本章学习，理解水准测量原理；了解水准仪的基本构造和轴线关系；掌握微倾水准仪和自动安平水准仪的使用方法；掌握水准测量的外业实施（观测、记录、检核）和测量成果的内业计算（高差闭合差的调整）方法；了解水准测量误差来源和消除误差的方法；熟悉水准仪检校的基本方法和提高水准测量精度的技术措施。

【能力培养要求】

（1）具有正确使用 DS$_3$ 型水准仪的能力。

（2）具有判定水准仪需要检校的能力。

（3）具有水准测量的观测、记录、计算和精度评定能力。

2.1 水 准 测 量 原 理

2.1.1 基本原理

水准测量是利用水准仪所提供的水平视线，并借助水准尺，测定地面两点间的高差，然后根据其中一点的高程推算出另一点高程的测量方法。

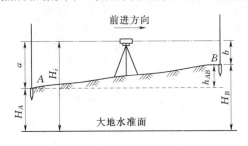

图 2.1 水准测量原理

如图 2.1 所示，要测出 B 点的高程 H_B，在已知高程点 A 和待求高程点 B 上分别竖立水准尺，利用水准仪所提供的水平视线，在两尺上分别读数 a、b，则 a、b 的差值就是 A、B 两点间的高差，即

$$h_{AB} = a - b \qquad (2.1)$$

已知点 A 称为后视点，A 点尺上的读数 a 称为后视读数；B 点是待求高程点称为前视点，B 点尺上的读数 b 称为前视读数。高差等于后视读数减前视读数。$a > b$ 时高差为正，表明前视点高于后视点；$a < b$ 时高差为负，表明前视点低于后视点。在计算高程时，高差应连同其符号一并运算。高程计算的方法有两种。

1. 高差法

直接由高差计算高程，即

$$H_B = H_A + h_{AB} \qquad (2.2)$$

此法一般在水准路线的高程测量中应用较多。

水利工程测量技能指导习题册

主编　陈兰兰
副主编　张亚双　王朝林

中国水利水电出版社
www.waterpub.com.cn

水利工程测量技能指导习题册

主编　陈兰兰
副主编　张亚双　王朝林

中国水利水电出版社
www.waterpub.com.cn

目 录

第1篇 复习思考题

第1章 测量学的基础知识

1. 测量学在建筑工程的作用是什么？

2. 什么是水准面、大地水准面、大地体？

3. 什么是绝对高程、相对高程、高差？

4. 测量工作应遵循的基本原则是什么？

5. 如图 1.1 所示为参考椭球体基本线、基本面及大地坐标位置示意图，请完成此图注记内容。

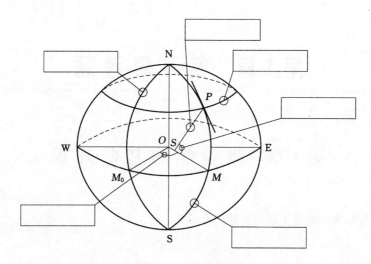

图 1.1　大地坐标系

6. 如图 1.2 所示，某用地地块 $ABCD$，已知 A 点坐标（10m，10m），求 B、C、D 点坐标及地块面积 S。

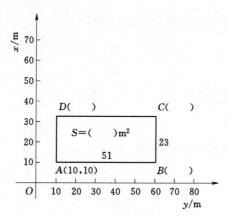

图 1.2　平面直角坐标

7. 如图 1.3 所示，已知 $H_A = 1100.098$m，$H_B = 1300.345$m。

(1) H_A 是 A 点的（　　　）高程，H_A' 是 A 点的（　　　）高程。

(2) H_B 是 B 点的（　　　）高程，H_B' 是 B 点的（　　　）高程。

(3) 求 H_A'、H_B'、h_{AB} 和 h_{BA}，填入表 1.1。

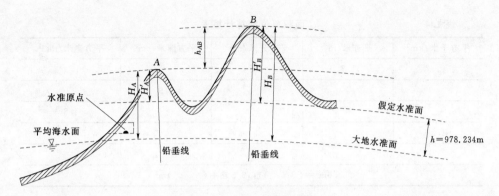

图 1.3　地面点的高程及高差

表 1.1　　　　　　　　　　　高程、高差计算表

H'_A/m	H'_B/m	h_{AB}/m	h_{BA}/m

8. 地面上 A、B 两点，已知其"1956 年黄海高程系"的高程 $H_A=$ 58.765m，$H_B=65.879$m，若改用"1985 年国家高程基准"，则 A、B 两点的高程各应为多少？

9. 完成下列单位换算计算表（表 1.2～表 1.4）。

表 1.2　　　　　　　　　　　长度单位换算计算表

千米/km	米/m	分米/dm	厘米/cm	毫米/mm
	120.7			
			897.9	
				1100.09
11.2				
		540.9		

表 1.3　　　　　　　　　　　角度单位换算计算表

度分秒/(° ′ ″)	度/(°)	分/(′)	秒/(″)	弧度 ρ
10　12　30				
	34.44			
		3438		
			300000	
				1.5

表 1.4　　　　　　　　　　　　面积单位换算计算表

平方千米/km²	平方米/m²	平方分米/dm²	平方厘米/cm²	平方毫米/mm²
	1.7			
			1.9	
				4.8
1.2				
		4.9		
	987.6m²＝(　　)亩,2.5 亩＝(　　)m²			

第2章 水 准 测 量

1. 何谓视差？产生视差的原因是什么？如何消除视差？

2. 后视点 A 的高程为 55.318m，读得其水准尺的读数为 1.249m，在前视点 B 尺上的读数为 1.568m，问高差 h_{AB} 是多少？B 点比 A 点高，还是比 A 点低？B 点的高程是多少？试绘图说明。

3. 已知 A 点高程 $H_A = 147.260$m，后视 A 点的读数 $a = 1.382$m，前视 B_1、B_2、B_3 各点的读数分别为：$b_1 = 1.846$m，$b_2 = 0.497$m，$b_3 = 1.438$m，试用仪高法计算出 B_1、B_2、B_3 点的高程。

4. 如图 2.1 所示：为了测得图根控制点 A、B 的高程，由 BM_1 ($H_{BM_1} = 29.826$m) 采用附合水准路线测量至另一个水准点 BM_2 ($H_{BM_2} = 30.399$m)，观测数据及部分结果如图 2.1 所示。试完成以下记录及计算：

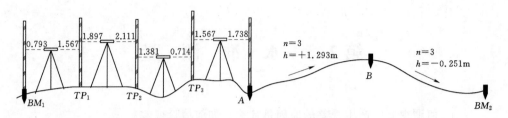

图 2.1　水准路线观测示意图

（1）根据 $BM_1 - A$ 测段观测数据完成记录手簿（表 2.1）。

（2）根据观测成果填写高程误差配赋表（表 2.2）。

表 2.1　　　　　　　　　　水 准 测 量 记 录 手 簿

| 测站 | 测点 | 水准尺读数/m | | 高差/m | |
		后视（a）	前视（b）	+	-
计算校核		$\sum a=$	$\sum b=$	$\sum_+ =$	$\sum_- =$
		$\sum a - \sum b=$		$\sum h=$	

表 2.2　　　　　　　　高程误差配赋表（1）

测段编号	点名	测站数	实测高差/m	改正数/m	改正后高差/m	高程/m
辅助计算	$f_h = \sum h_{测} - (H_{终} - H_{始}) =$ $f_{h容} = \pm 12\sqrt{n} =$					

5. 如图 2.2 所示，在使用 S₃ 型自动安平水准仪进行水准测量时，圆水准气泡已经居中，在没有碰动仪器的情况下，旋转望远镜气泡不再居中，出现这种情况该怎么办？

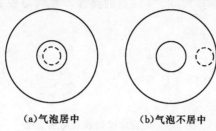

(a)气泡居中　　　　　(b)气泡不居中

图 2.2　圆水准气泡示意图

6. 如图 2.3 所示为一闭合水准路线，各测段的观测高差和测站数均注于图中，BM_2 为已知水准点，其高程为 $H_{BM_2} = 189.845\text{m}$。根据表 2.3 推算 1、2、3、4 点的高程（$f_{h容} = \pm 12\sqrt{n}\text{mm}$）。

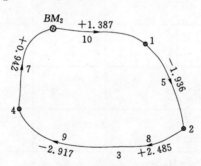

图 2.3　闭合水准路线观测示意图

表 2.3　　　　　　　　　　高程误差配赋表（2）

测段编号	点名	测站	实测高差/m	改正数/m	改正后高差/m	高程/m	点名
辅助计算	$f_h = \sum h_{测} =$ $f_{h容} = \pm 12\sqrt{n} =$						

7. 如图 2.4 所示，为一附合水准路线，各测段的观测高差和测段距离 (m) 数均注于图中，BM_1、BM_2 为已知水准点，其高程为 $H_{BM_1} = 237.693\text{m}$，$H_{BM_2} = 235.615\text{m}$。推求 1、2、3 三点的高程，并填写表 2.4。

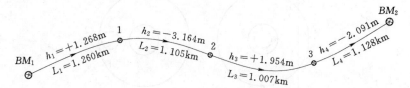

图 2.4　附合水准路线观测示意图

表 2.4　　　　　　　　　　　高程误差配赋表（3）

测段编号	点名	测距/km	实测高差/m	改正数/m	改正后高差/m	高程/m	点名
辅助计算	$f_h = \sum h_测 - (H_终 - H_始) =$ $f_{h容} = \pm 40\sqrt{L} =$						

8. 水准仪有哪些轴线？它们之间应满足哪些条件？哪个是主要条件？为什么？

9. 结合水准测量的主要误差来源，说明在观测过程中的注意事项。

10. 已知 A、B 两水准点的高程分别为：$H_A = 44.286m$，$H_B = 44.175m$。水准仪安置在 A 点附近，测得 A 尺上读数 $a = 1.966m$，B 尺上读数 $b = 1.845m$。问该仪器的水准管轴是否平行于视准轴？若不平行，当水准管的气泡居中时，视准轴是向上倾斜，还是向下倾斜？如何校正？

第3章 角度测量

1. 填空题

（1）光学经纬仪的构造主要由（　　　）、（　　　）和（　　　）三部分组成。

（2）经纬仪的制动、微动螺旋有（　　　　　）、（　　　　　）、和（　　　　　）、（　　　　　）。

（3）使用仪器时要使十字丝清晰，需要转动（　　　）螺旋，要使目标清晰，需要转动（　　　）螺旋。

（4）经纬仪对中的目的是（　　　　　　　　　　　　　　）。

（5）照准目标的方法（　　　　　　　　　　　　　　）。

（6）测回法观测水平角的主要限差有（　　　　　）和（　　　　　）。

（7）分微尺读数装置的 DJ$_6$ 光学经纬仪的最小读数是（　　　　　）。

（8）竖直角的观测限差主要有（　　　　　）和（　　　　　），竖直角采用正、倒镜观测取平均值的方法，可以消除（　　　　　）。

（9）竖直角测量时照准目标的方法是用横丝照准目标的（　　　）或目标的（　　　）。

（10）在竖盘指标差的检验中，正、倒镜分别照准目标，其读数分别为 $86°36'42''$ 和 $273°21'36''$，则竖盘指标差：$x=$（　　　）校正时盘右的正确读数：$R=$（　　　）。

（11）经纬仪整平的目的是（　　　　　　　　　　　　　　）。

（12）水平角测量时照准的方法是要求用竖丝尽量照准目标的（　　　　），其目的是减少目标（　　　　　　）误差的影响。

（13）水平角测量中，采用正、倒镜观测的平均值，能消除（　　　　　）、（　　　　　）和（　　　　　）所引起的误差，但不能消除竖轴倾斜引起的误差。

2. 什么是水平角？瞄准在同一竖直平面上高度不同的点，其水平度盘的读数是否相同？为什么？

3. 水平角观测中，测回法和全圆测回法有哪几项限差？

4. 如图 3.1 所示，地面上有 O、A、B 三点，现需测定 $\angle AOB$，将经纬仪安置在 O 点上，在 A、B 两点上架设照准标志，进行两个测回的观测，观测数据标注于图上。

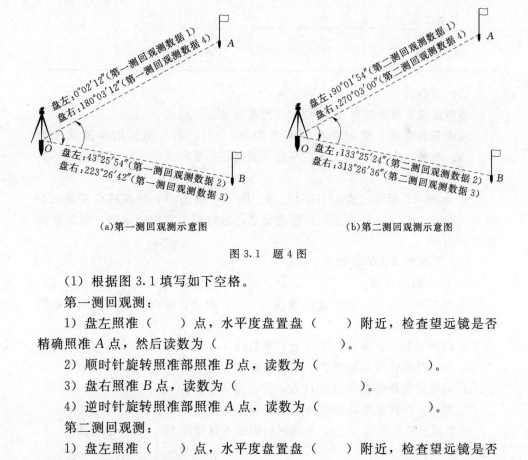

（a）第一测回观测示意图　　　　　　（b）第二测回观测示意图

图 3.1　题 4 图

（1）根据图 3.1 填写如下空格。

第一测回观测：

1）盘左照准（　　）点，水平度盘置盘（　　）附近，检查望远镜是否精确照准 A 点，然后读数为（　　　　　　　　　　）。

2）顺时针旋转照准部照准 B 点，读数为（　　　　　　　　　）。

3）盘右照准 B 点，读数为（　　　　　　　　）。

4）逆时针旋转照准部照准 A 点，读数为（　　　　　　　　）。

第二测回观测：

1）盘左照准（　　）点，水平度盘置盘（　　）附近，检查望远镜是否精确照准 A 点，然后读数为（　　　　　　　　　）。

2）顺时针旋转照准部照准 B 点，读数为（　　　　　　　　　　）。

3）盘右照准 B 点，读数为（　　　　　　　　　　）。

4）逆时针旋转照准部照准点，读数为（　　　　　　　　）。

（2）按照图 3.1 提示顺序填写表 3.1。

表 3.1　　　　　　　　　　测 回 法 观 测 记 录 表

测站	测回	竖盘位置	目标	水平度盘读数 /(° ′ ″)	半测回角值 /(° ′ ″)	一测回角值 /(° ′ ″)	各测回平均角值 /(° ′ ″)
O	第一测回	左					
		右					
	第二测回	左					
		右					

（3）填空。

规范要求半测回差为（　　），测回差为（　　）。

该次观测的第一测回的半测回差为（　　），第二测回的半测回差为（　　），测回差为（　　），该结果是否满足限差要求（　　）（填满足或不满足）。

5. 如图 3.2 所示，地面上有 O、A、B、C、D 五点，将经纬仪安置在 O 点上，在 A、B、C、D 点上架设照准标志，进行两个测回的观测，观测数据标注于图上。

（1）根据图 3.2 填写如下空格。

1）第一测回观测。

a. 盘左照准 A 点，水平度盘置盘（　　）附近，检查望远镜是否精确照准 A 点，然后读数为（　　　　　　　　）。

b. 顺时针旋转照准部照准 B 点，读数为（　　　　　　　　）。

c. 顺时针旋转照准部照准 C 点，读数为（　　　　　　　　）。

d. 顺时针旋转照准部照准 D 点，读数为（　　　　　　　　）。

e. 顺时针旋转照准部照准 A 点，读数为（　　　　　　　　）。

半测回归零差为（　　），半测回归零差不得超过 $18″$。是否超过（　　）。（填"是"或"否"）

f. 盘右照准 A 点，读数为（　　　　　　　　）。

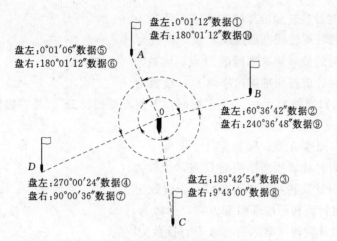

（a）第一测回观测示意图

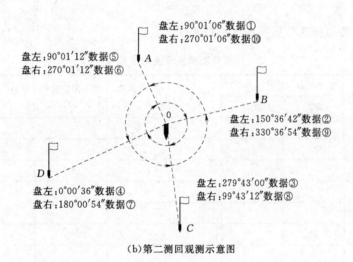

（b）第二测回观测示意图

图3.2 题5图

g. 逆时针旋转照准部照准D点，读数为（　　　　　　　　）。

h. 逆时针旋转照准部照准C点，读数为（　　　　　　　　）。

i. 逆时针旋转照准部照准B点，读数为（　　　　　　　）。

j. 逆时针旋转照准部照准A点，读数为（　　　　　　　）。

半测回归零差为（　　），半测回归零差不得超过18″。是否超过（　　）。（填"是"或"否"）

2）第二测回观测。

a. 盘左照准A点，水平度盘置盘（　　　）附近，检查望远镜是否精确照准A点，然后读数为（　　　　　　　）。

b. 顺时针旋转照准部照准 *B* 点，读数为 （　　　　　　　　　　）。

c. 顺时针旋转照准部照准 *C* 点，读数为 （　　　　　　　　　　）。

d. 顺时针旋转照准部照准 *D* 点，读数为 （　　　　　　　　　　）。

e. 顺时针旋转照准部照准 *A* 点，读数为 （　　　　　　　　　　）。

半测回归零差为 （　　），半测回归零差不得超过 18″。是否超过 （　　）。
（填"是"或"否"）

f. 盘右照准 *A* 点，读数为 （　　　　　　　　　　）。

g. 逆时针旋转照准部照准 *D* 点，读数为 （　　　　　　　　　　）。

h. 逆时针旋转照准部照准 *C* 点，读数为 （　　　　　　　　　　）。

i. 逆时针旋转照准部照准 *B* 点，读数为 （　　　　　　　　　　）。

j. 逆时针旋转照准部照准 *A* 点，读数为 （　　　　　　　　　　）。

半测回归零差为 （　　），半测回归零差不得超过 18″。是否超过 （　　）。
（填"是"或"否"）

（2）按照图 3.2 提示顺序填写表 3.2。

表 3.2　　　　　　　　　　　　方向观测法观测记录表

测回	目标	水平度盘读数/(° ′ ″)		2C/(″)	平均读数/(° ′ ″)	归零后方向值/(° ′ ″)	各测回平均方向值/(° ′ ″)
		盘左	盘右				
1	2	3	4	5	6	7	8
1							
2							

注　1. 2C=左-（右±180°）。

　　2. 平均读数=［左+（右±180°）］/2。

（3）填空。

规范要求各测回同一归零方向值较差为 （　　），该结果是否满足限差要

求（　　　）。（填满足或不满足）

6. 如图 3.3 所示，地面上有 A、C 两点，在 A 点安置仪器照准 C 点。根据图 3.3 回答以下问题。

（1）什么叫竖直角，什么叫天顶距？

（2）图 3.3 中竖直角是仰角还是俯角，如何区分仰角与俯角？

（3）竖直角的取值范围是多少？天顶距的取值范围是多少？

（4）竖直角和天顶距有什么关系？

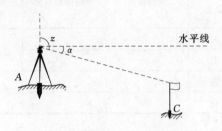

图 3.3　竖直角及天顶距示意图

7. 什么叫指标差？指标差对竖直角有何影响？竖直角观测读数时应注意什么？

8. 如图 3.4 所示，完成以下填空并填写表 3.3。

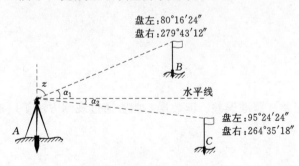

图 3.4　竖直角观测示意图

（1）填空。

在 A 点安置经纬仪，观测 B 点觇标顶端竖直角，观测程序如下。

盘左：采用中横丝切于 B 点顶端进行照准，竖盘读数为（　　　　　）。

盘右：采用中横丝切于 B 点顶端进行照准，竖盘读数为（　　　　　　　）。

观测 C 点觇标顶端竖直角，观测程序如下。

盘左：采用中横丝切于 C 点顶端进行照准，竖盘读数为（　　　　　　　）。

盘右：采用中横丝切于 C 点顶端进行照准，竖盘读数为（　　　　　　　）。

（2）完成竖直角观测记录表（表3.3）。

表 3.3　　　　　　　　　　竖 直 角 观 测 记 录 表

测站	目标	盘位	竖盘读数 /(° ′ ″)	半测回竖直角 /(° ′ ″)	指标差 /(″)	一测回竖直角 /(° ′ ″)
A	B	左				
		右				
	C	左				
		右				

9. 经纬仪有哪几项检验校正？简述其操作步骤。

10. 经纬仪的仪器误差主要包括哪些项目？哪些误差可以用盘左、盘右取中数的观测方法来消除或削弱？

11. 对中误差、照准误差、读数误差能否通过观测方法予以消除？

第4章 距离测量和直线定向

1. 如图 4.1 所示，平坦地面上有 AB 两点，现用整尺长 20m 钢卷尺进行往返观测，求其往测距离、返测距离及相对精度。结果填写于表 4.1 中，并简述边定线边丈量的程序。

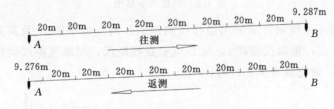

图 4.1 平地量距示意图

表 4.1　　　　　　　　距离计算表

往测平距 $D_往$ /m	返测平距 $D_返$ /m	往返测平均值 $D_{AB}=\dfrac{D_往+D_返}{2}$ /m	往返绝对误差 $\Delta=D_往-D_返$ /m	往返相对精度 $k=\dfrac{1}{D_{AB}/\Delta}$

2. 如图 4.2 所示，C、D 为斜坡上两点，采用平量法量取 CD 平距，分段平量的长度注记于图上，计算 CD 两点间的平距 D_{CD}。

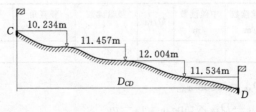

图 4.2 平量法示意图

3. 如图 4.3 所示，M、N 为均匀斜坡上两点，采用斜量法量取 MN 平距，斜距注记于图上，计算 MN 两点的平距 D_{MN}。

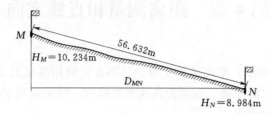

图 4.3　斜量法示意图

4. 如图 4.4 所示：需采用经纬仪测定 AB 两点的平距 D 及高差 h，安置经纬仪与 A 点，量取仪器高 i，在 B 点安置视距尺，照准视距尺读数，其读数列于表 4.2，请完成表 4.2 计算。

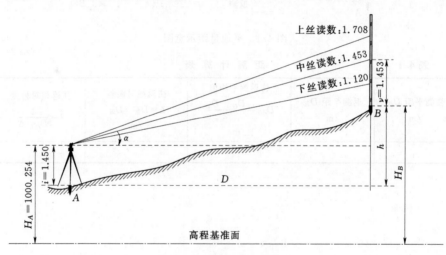

图 4.4　视距测量示意图

表 4.2　　　　　　　　　　视距测量记录、计算手簿

测站：A　　　　测站高程：$H_A = 1000.254\text{m}$　　　　仪器高：1.450m　　　　指标差：$x = 0$

点号	上丝读数 /m	下丝读数 /m	中丝读数 /m	kl/m	竖盘读数 /(° ′ ″)	竖直角 /(° ′ ″)	平距 /m	高差 /m	高程 /m
B					85　25　30				

计算公式：$D_{AB} = kl\cos^2\alpha_{AB}$

$\qquad\qquad h_{AB} = D_{AB} \times \tan\alpha_{AB} + i_A - v_B$

$\qquad\qquad H_B = H_A + h_{AB}$

当操作熟练后，可不读上丝、下丝读数，直接在尺上读出 kl 值，请思考，

如何读取?

5. 如图 4.5 所示，AB 为地面一条直线，在图上填写所指角度的名称。

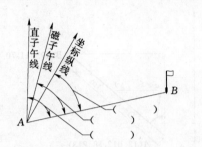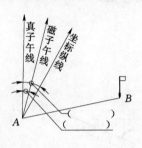

图 4.5　直线定向示意图

6. 根据图 4.6 所示完成以下填空。

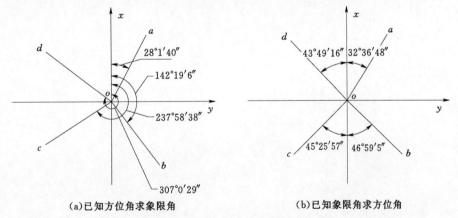

$a_{ab}=$ (　　　　　　　　　)

$a_{cd}=$ (　　　　　　　　　)

$a_{ef}=$ (　　　　　　　　　)

$a_{gh}=$ (　　　　　　　　　)

$a_{ba}=$ (　　　　　　　　　)

$a_{dc}=$ (　　　　　　　　　)

$a_{fe}=$ (　　　　　　　　　)

$a_{hg}=$ (　　　　　　　　　)

图 4.6　正反方位角示意图

7. 如图 4.7 所示，根据图 4.7（a）中已知条件计算直线 oa、ob、oc、od 的象限角 R_{oa}、R_{ob}、R_{oc}、R_{od}，根据图 4.7（b）中已知条件计算直线 oa、ob、

（a）已知方位角求象限角

（b）已知象限角求方位角

图 4.7　方位角和象限角关系示意图

oc、od 的方位角 a_{oa}、a_{ob}、a_{oc}、a_{od}。

8. 如图4.8（a）所示，A 点坐标已知，AB 距离已知，方位角已知，求 B 点坐标；如图4.8（b）所示，A、B 两点坐标皆已知，求 A、B 两点的距离和 AB 的方位角。

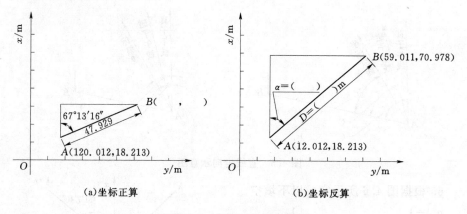

图 4.8 坐标正反算示意图

第5章 测量误差的基本知识

1. 产生测量误差的原因有哪些？

2. 测量误差分哪几类？它们各有什么特点？如何对其进行消减？

3. 什么叫真误差、中误差、极限误差和相对误差？

4. 有甲、乙两组对同一三角形内角进行 6 次观测，计算其内角和的真误差及中误差，填入表 5.1。

表 5.1　　　　　　　观测值及其真误差、中误差计算表

甲 组 观 测				乙 组 观 测			
次数	观测值 l /(° ′ ″)	真误差 Δ /(″)	ΔΔ /(″)	次数	观测值 l /(° ′ ″)	真误差 Δ /(″)	ΔΔ /(″)
1	180 00 08			1	180 00 09		
2	179 59 50			2	179 59 55		
3	180 00 12			3	180 00 12		
4	179 59 48			4	179 59 51		
5	179 59 53			5	179 59 50		
6	179 59 51			6	179 59 48		
7	180 00 09			7	180 00 09		
8	180 00 08			8	180 00 13		
Σ				Σ			

甲组观测值中误差：$m = \pm\sqrt{\dfrac{[\Delta\Delta]}{n}} =$　　　　　乙组观测值中误差：$m = \pm\sqrt{\dfrac{[\Delta\Delta]}{n}} =$

5. 用测距仪对某段距离测定 4 次，观测值列于表 5.2，试求其算术平均值、观测值的中误差、算术平均值中误差及相对误差。

表 5.2　　　　　　　　　　　　等精度观测值中误差计算表

序号	观测值/m	改正数/mm	vv
1	267.877		
2	267.887		
3	267.875		
4	267.881		
	平均值：$l = \dfrac{[l_i]}{n} =$	$[v] =$	$[vv] =$

观测值中误差：$m = \pm\sqrt{\dfrac{[vv]}{n-1}} =$

算术平均值中误差：$M = \pm\dfrac{m}{\sqrt{n}} =$

相对误差：$k = \dfrac{|M|}{l} = \dfrac{1}{l/|M|} =$

第6章 小区域控制测量

根据图 6.1 完成表 6.1~表 6.4。

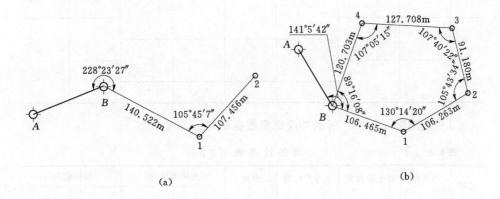

(a)

(b)

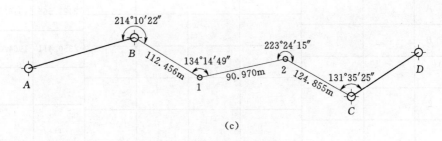

(c)

图 6.1 单一导线示意图

1. 将图 6.1 的单一导线名称填入表 6.1，并加以必要说明。

表 6.1   单 一 导 线 列 表

图号	名称	导 线 说 明
(a)		
(b)		
(c)		

2. 根据图 6.1（a）所示外业观测数据填写表 6.2。

表 6.2 　　　　　　　　　　　导 线 计 算 表 （ 1 ）

点号	观测角 /(° ′ ″)	改正后角值 /(° ′ ″)	坐标方位角 /(° ′ ″)	距离 /m	坐标增量/m		坐标值/m	
					Δx	Δy	x	y
A							2233.708	1977.624
B							2269.348	2070.656
1								
2								

3. 根据图 6.1 （b） 所示外业观测数据填写表 6.3。

表 6.3 　　　　　　　　　　　导 线 计 算 表 （ 2 ）

点号	观测角 /(° ′ ″)	改正后角值 /(° ′ ″)	坐标方位角 /(° ′ ″)	距离 /m	坐标增量/m		坐标值/m	
					Δx	Δy	x	y
A							2427.565	1916.974
B							2350.411	1964.321
1								
2								
3								
4								
B								
1								
辅助 计算	$f_\beta = \sum \beta_{测} - (n-2) \times 180° = \qquad , f_\beta = \pm 60'' \sqrt{n} =$ $f_x = \sum \Delta x_{测} = \qquad , f_y = \sum \Delta y_{测} =$ $f_D = \sqrt{f_x^2 + f_y^2} =$ $K = \dfrac{f_D}{\sum D} = \dfrac{1}{\dfrac{\sum D}{f_D}} =$							

4. 根据图 6.1（c）所示外业观测数据填写表 6.4。

表 6.4 导 线 计 算 表 （3）

点号	观测角 /(° ′ ″)	改正后角值 /(° ′ ″)	坐标方位角 /(° ′ ″)	距离 /m	坐标增量/m		坐标值/m	
					Δx	Δy	x	y
A							2008.438	2386.281
B							2040.731	2511.775
1								
2								
C							2005.273	2818.538
D							2052.129	2896.497
辅助计算	$\alpha'_{CD} = \alpha_{AB} - n \times 180° + \sum \beta_{测} =$ $f_\beta = \alpha'_{CD} - \alpha_{CD} =$ $f_\beta = \pm 60'' \sqrt{n} =$ $f_x = \sum \Delta x_{测} - (x_C - x_B) =$ $f_y = \sum \Delta y_{测} - (y_C - y_B) =$ $f_D = \sqrt{f_x^2 + f_y^2} =$ $K = \dfrac{f_D}{\sum D} = \dfrac{1}{\dfrac{\sum D}{f_D}} =$							

第7章 地形图的测绘

1. 什么叫比例尺？比例尺有哪些种类？

2. 地物的表示方法有哪些种类？举例说明。

3. 什么是等高线、等高距及等高线平距，它们之间有什么关系？

4. 等高线有哪些特性？

5. 如图 7.1 所示，该图的比例尺为 1∶500。

（1）AB 断面方向与 AC 断面比较，哪一个坡度更缓一些？

（2）E、F 点的高程是多少，若 E、F 点的图上距离为 1.5cm，计算 EF

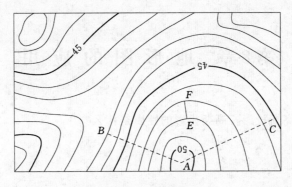

图 7.1 地形图

的坡度。

（3）什么是首曲线，什么是计曲线，图中哪些高程的等高线是计曲线？

第 8 章 地 形 图 的 应 用

1. 什么是高斯投影？高斯投影的性质是什么？

2. 什么是高斯平面直角坐标系？

3. 采用高斯投影分带的原因是什么？

4. 高斯平面直角坐标，在自然坐标上加 500km 的目的是什么？

5. 地形图是如何进行分幅与编号的？

6. 在地形图上如何确定点的坐标和高程？

7. 在地形图上如何确定直线的长度、坐标方位角和坡度？

8. 在地形图上如何按给定的坡度选定最短路线？

9. 某处处于东经 87°36′，问该点位于 6°带和 3°带的哪一带？中央子午线的经度是多少？

10. 我国某地一幅 1∶5000 比例尺的地形图位于国家编号为 G50 的图幅中第 11 行、22 列，写出该幅地形图图幅的国际新编号？

11. 某幅 1∶1000 比例尺的地形图，西南角图廓点的坐标 $x=83500\text{m}$，$y=15500\text{m}$，则该图幅的编号怎么表示？

12. 已知本幅图编号为 J50D012012，求四邻图幅编号。

13. 已知某地位于东经 120°09′15″，北纬 30°18′10″，计算其在 1∶100 万地形图中的编号。

14. 在 1∶2000 比例尺的地形图上，量得各梯形上、下底平均值的总和 $\sum l=876$mm，$d=2$mm，求图形的实地面积。

15. 某点的横坐标通用值为 19407567.82m，求其自然值是多少？

16. 大比例尺地形图的图幅有哪些种类？图幅大小 50cm×50cm，比例尺为 1∶500 的一幅图的面积是多少？

17. 如图 8.1 所示，1∶1000 比例尺地形图上有 A、B 两点，图上标出了两点到格网的图上长度，已知 $H_A=1000.098$m，$H_B=987.045$m，求 A、B 两点的坐标，方位角 α_{AB}、α_{BA}，距离 D_{AB}，坡度 i_{AB}。

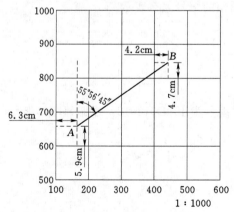

图 8.1　点位坐标计算示意图

18. 如图 8.2 所示，图的比例尺为 1：500。根据图上标注的边的图上长度计算不规则多边形的实际面积。

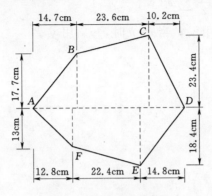

图 8.2 面积计算示意图

19. 如图 8.3 所示，图的比例尺为 1：2000，采用平行线法计算不规则图形的面积，图上标注为边的图上长度，求实地面积。

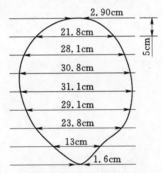

图 8.3 面积计算示意图

20. 如图 8.4 所示，某地块界址点坐标为 A(1215.89m，2178.76m)、B(1405.89m，2245.76m)、C(1305.89m，2345.56m)、D(1105.89m，

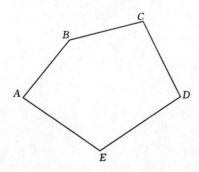

图 8.4 面积计算示意图

2445.06m)、E(1075.89m，2310.06m)，计算该地块的面积。

计算公式为 $S = \dfrac{1}{2} \sum\limits_{i=1}^{n} x_i (y_{i+1} - y_{i-1})$

当 $i=1$ 时，y_{i-1} 用 y_n；当 $i=n$ 时，y_{i+1} 用 y_1。

第9章 施工测设的基本方法

1. 什么是测设？测设的准备工作有哪些？

2. 测定与测设的区别是什么？

3. 测设点的平面位置有哪些基本方法？

4. 简述用水准仪测设坡度的方法。

5. 设欲放样 A、B 两点的水平距离 $D = 80m$，使用的钢尺名义长度为 30m，实际长度为 29.945m，钢尺检定时的温度为 20℃，A、B 两点的高差为 $h = -0.385m$，实测时温度为 30.5℃，问放样时在地面上应量出的长度为多少？

6. 已知 $\alpha_{MN} = 300°04'00''$，$x_M = 14.23m$，$y_M = 86.71$；$x_P = 42.30m$，$y_P = 85.03m$。仪器安置在 M 点，计算用极坐标法测设 P 点所需的放样数据。

7. 要在 AB 方向上测设一条坡度 $i=-5\%$ 的坡度线，已知 A 点的高程为 32.365m，A、B 两点间的水平距离为 100m，则 B 点的高程应为多少？

8. 如图 9.1 所示，某场地平整，平场设计高程 $H_{设}=50.235$m，现场有已知水准点 BM_1，其高程 $H_{BM_1}=50.700$m，需在场地上每隔 10m 标注设计高程线，水准仪照准 BM_1 点的读数为 1.535m，试采用视线高法计算并简述测设方法。

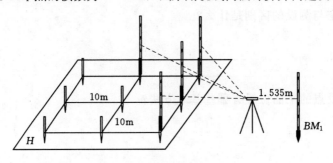

图 9.1　平场高程放样示意图

9. 如图 9.2 所示，某基坑开挖，为便于平整基坑底部，需设置水平桩高程为 52.500m，场地周边有已知水准点 A，高程为 56.587m，计算基坑内水准仪照准 B 点水准尺的中丝读数应为多少？

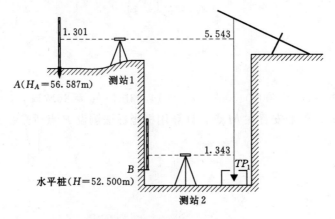

图 9.2　基坑高程放样示意图

（1）通过测站 1 计算 TP_1 的高程。

$H_{TP_1} =$

（2）通过测站 2 放样水平桩，计算水平桩放样时 B 点水准尺的中丝读数
应为多少？

10. 如图 9.3 所示，已知 A、B 两点坐标：$A(704.303\text{m}，112.482\text{m})$、$B$
$(790.314\text{m}，13.557\text{m})$，房屋的 1、2 两个角点的坐标：$1(769.587\text{m}，$
$169.243\text{m})$、$2(769.587\text{m}，270.524\text{m})$，采用极坐标法放样。

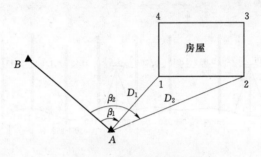

图 9.3　平面位置放样示意图

（1）计算放样元素。

$\beta_1 =$　　　　　　　$D_1 =$

$\beta_2 =$　　　　　　　$D_2 =$

（2）如果采用经纬仪放样，简述放样过程。

（3）如果采用全站仪坐标放样程序放样，简述放样过程。

第10章 渠 道 测 量

如图 10.1 所示，某渠道进行纵断面测量，采用水准测量施测，水准点 BM_1 的高程为 92.470m，BM_2 点的高程为 92.820m，外业观测数据如图所示，根据外业观测数据填写记录手簿（表 10.1）。

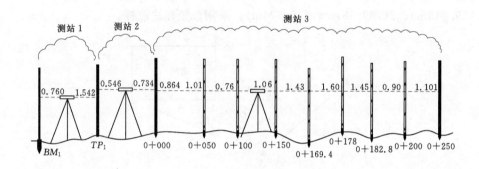

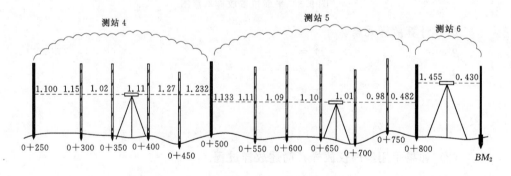

图 10.1　渠道纵断面外业测量示意图

（1）纵断面外业观测。

（2）纵断面图的绘制及设计纵断面套绘。

1）采用坐标纸绘制纵断面图，平距比例尺 1∶2000，高程比例尺 1∶100。

2）渠底设计坡度−0.001，渠道深 2m，进水底板高程 91.100m。

（3）横断面测绘及横断面绘制（略），通过横断面测绘及横断面绘制得出各填、挖断面面积，列于表 10.2，根据下表计算填挖方量。

表 10.1 纵断面水准测量手簿

测站	桩号	后视读数/m	视线高程/m	前视读数/m		高程/m	备注
				间视	转点		
校核计算	$\sum a - \sum b =$ $h_{12推算} = H'_{BM_2} - H_{BM_1} =$ $h_{12理论} =$ $f_h = h_{12推算} - h_{12理论} =$ $f_{h允} = \pm 40\sqrt{L} =$						

表 10.2 <!-- title -->　　　　　　　　土 方 计 算 表

桩号	地面高程/m	渠底设计高程/m	中心桩/m		断面面积/m²		两桩间距/m	土方/m³		备注
			挖深	填高	挖	填		挖方	填方	
0+000					2.05	10.31				
0+050					3.49	5.91	50			
0+100					3.19	7.97	50			
0+150					2.19	9.86	50			
0+169					1.93	10.78	19			
0+178					0.01	13.48	9			
0+182					2.08	5.57	4			
0+200					3.86	6.99	18			
0+250					1.98	10.05	50			
0+300					3.15	8.01	50			坡降 1/1000
0+350					3.87	7.00	50			
0+400					3.60	7.44	50			
0+450					3.24	9.13	50			
0+500					7.12	2.49	50			
0+550					4.65	6.05	50			
0+600					6.27	2.61	50			
0+650					5.15	5.77	50			
0+700					6.18	5.49	50			
0+750					7.25	5.51	50			
0+800					12.30	3.80	50			
Σ							800			

（4）边坡桩放样。

如图 10.2 所示，填写表 10.3。

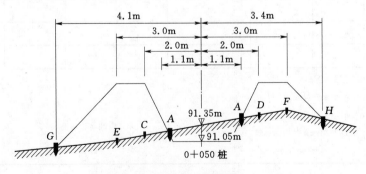

图 10.2　0+050 断面边坡桩放样示意图

表 10.3　　　　　　　　　　　　渠道施工断面放样数据表

里程桩号	地面高程/m	设计高程/m	中心桩至边坡桩的距离/m							
			开口桩		内堤肩桩		外堤肩桩		外坡脚桩	
			左	右	左	右	左	右	左	右

第 11 章　水工建筑物的施工放样

1. 重力坝施工放样的内容有哪些？

2. 水闸施工放样的内容有哪些？

3. 坝轴线是怎么确定和测设的？

4. 说明闸墩的放样方法。

5. 混凝土重力坝的立模放样方法有哪几种？

第 12 章　卫星导航定位技术及其在工程中的应用

1. 世界各国已经建成或在建的卫星导航定位系统由哪几个？

2. 卫星导航定位技术与常规测量技术有何区别？

3. 美国全球定位系统 GPS 主要由哪几个部分构成？

4. 卫星导航定位技术按照参考点位置的不同，可分为哪些种类？按照接收机是否处于运动状态，又可分为哪些种类？

5. 什么是 RTK 技术？

6. 网络 RTK 有些什么优点？

7. 请标出图 12.1 中的移动站、基准站。

图 12.1　RTK 外业作业场景

8. 请标出图 12.2 中的用户部分、空间部分、监控站。

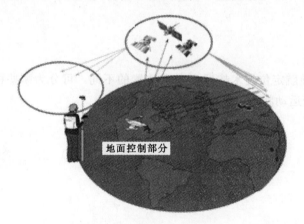

图 12.2　卫星导航定位系统

第2篇 综合技能习题

某一峡谷地块，为解决农村人畜饮水问题，拟定在其峡谷出口修建土坝贮水，某项目组测绘人员应上级安排，需承担该项目从设计到施工的测量工作，经过测绘人员实地踏勘及调研。了解该项目的大致情况如下。

（1）该峡谷形状呈长条形，长边约 400m 左右，短边约 250m 左右，面积约 0.10km²。

（2）植被覆盖较为浓密，通视条件较差。

（3）周边布设有五等导线点，坐标及高程已知。

测绘人员按以下程序进行工作，请阅读以下内容，并将其填写完整。

第1章 控 制 测 量

1.1 平面控制点的踏勘、选点及埋设

A、B、C、D 为五等导线点，坐标已知，为满足地形测图和工程建设的需要，需要进行图根点的加密，结合地形情况，现场选定待测导线点 1、2、3、4 四个点，组成单一附合导线 A—B—1—2—3—4—C—D，如图 1.1 所示。

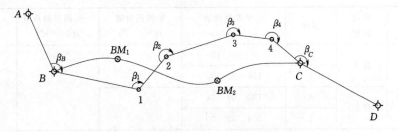

图 1.1 附合导线及附合水准路线示意图

1.2 高程控制点的踏勘、选点及埋设

如图 1.1 所示，B、C 两点高程已知，为满足地形测图和工程建设的需要，进行水准点的加密，现场选定 BM_1、BM_2 两个待测水准点，组成单一附合水准路线 $B—BM_1—BM_2—C$，完成表 1.1 的填写。

表 1.1 控制点坐标及高程数据一览表

点　号	x/m	y/m	H/m
A	2673.07	1321.66	
B	2507.89	1264.81	1200.035
C	2096.97	1757.27	1199.321
D	1872.39	1831.30	
$D_{AB}=$	$\alpha_{AB}=$	$D_{CD}=$	$\alpha_{CD}=$

1.3 附合导线外业观测及内业计算

如图 1.2 所示，附合导线有 1、2、3、4 四个待测点，需测量 β_1、β_2、β_3、β_4 四个转折角，β_B、β_C 两个连接角，皆为左角，还需测量各导线边的边长。据此完成表 1.2 和表 1.3 的填写。

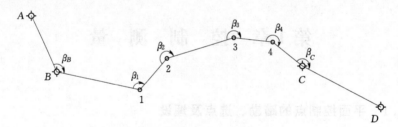

图 1.2 附合导线示意图

程序 1：导线转折角（左角）观测、导线边距离观测（表 1.2）。

表 1.2 角度、距离观测记录表

测站	竖盘位置	目标	水平度盘读数 /(° ′ ″)	半测回角值 /(° ′ ″)	一测回平均角值 /(° ′ ″)	备注
B	盘左	A	0 01 12			
		1	126 02 06			
	盘右	A	180 01 24			
		1	306 02 30			

边名	水平距离/m		
$B1$	往测	返测	往返测平均值
	225.87	225.83	

测站	竖盘位置	目标	水平度盘读数/(° ′ ″)	半测回角值/(° ′ ″)	一测回平均角值/(° ′ ″)	备注
1	盘左	B	0 01 18			
		2	159 46 56			
	盘右	B	180 01 27			
		2	339 47 01			

边名	水平距离/m		
12	往测	返测	往返测平均值
	139.00	139.06	

测站	竖盘位置	目标	水平度盘读数	半测回角值	一测回平均角值	备注
2	盘左	1	0 00 54			
		3	135 12 25			
	盘右	1	180 00 48			
		3	315 12 05			

边名	水平距离/m		
23	往测	返测	往返测平均值
	172.53	172.61	

测站	竖盘位置	目标	水平度盘读数	半测回角值	一测回平均角值	备注
3	盘左	2	0 01 24			
		4	238 22 11			
	盘右	2	180 01 16			
		4	58 21 42			

边名	水平距离/m		
34	往测	返测	往返测平均值
	100.36	100.36	

测站	竖盘位置	目标	水平度盘读数	半测回角值	一测回平均角值	备注
4	盘左	3	0 01 48			
		C	215 00 57			
	盘右	3	180 01 54			
		C	35 01 21			

边名	水平距离/m		
4C	往测	返测	往返测平均值
	102.44	102.52	

测站	竖盘位置	目标	水平度盘读数	半测回角值	一测回平均角值	备注
C	盘左	4	0 01 26			
		D	168 28 45			
	盘右	4	180 01 37			
		D	348 29 07			

程序 2：导线点坐标推算（表 1.3）。

表 1.3 导线点坐标计算表

点号	观测角 /(° ′ ″)	改正后角值 /(° ′ ″)	坐标方位角 /(° ′ ″)	距离 /m	坐标增量/m		坐标值/m	
					Δx	Δy	x	y
A								
B								
1								
2								
3								
4								
C								
D								
Σ								

辅助计算

$$\alpha'_{CD} = \alpha_{AB} + \sum \beta_{测} - n \times 180° =$$

$$f_\beta = \alpha'_{CD} - \alpha_{CD} =$$

$$f_{\beta容} = \pm 60'' \sqrt{n} =$$

$$f_x = \sum \Delta x_{测} - (x_C - x_B) =$$

$$f_y = \sum \Delta y_{测} - (y_C - y_B) =$$

$$f_D = \sqrt{f_x^2 + f_y^2} =$$

$$K = \frac{f_D}{\sum D} = \frac{1}{\frac{\sum D}{f_D}} =$$

1.4 附合水准路线外业观测及内业计算

如图 1.3 所示，该水准路线共三个测段 B—BM_1 测段、BM_1—BM_2 测段、

BM_2—C 测段。采用四等水准测量方法对该水准路线进行施测。

图 1.3　B—BM_1—BM_2—C 附合水准路线示意图

程序 1：采用四等水准测量方法外业观测附合水准路线，相关测量技术要求见表 1.4。

表 1.4　　　　　　　　　　　　四等水准测量技术要求

等级	水准仪型号	视线高度	视线长度/m	前后视距差/m	前后视距累计差/m	红黑面读数差/mm	红黑面高差之差/mm	附合或环线闭合差	
								平原	山区
四	DS₃	三丝读数	≤100	≤3	≤10	≤3	≤5	$\pm20\sqrt{L}$	$\pm6\sqrt{n}$

外业观测程序要求：
后——读取后视尺黑面上、中、下三丝
前——读取前视尺黑面上、中、下三丝
前——读取前视尺红面中丝
后——读取后视红面中丝

也可采用：
后——读取后视尺黑面上、中、下三丝
后——读取后视尺红面中丝
前——读取前视尺黑面上、中、下三丝
前——读取前视尺红面中丝

1. 外业观测 B—BM_1 测段

观测数据如图 1.4 所示，填写表 1.5，随测随记。

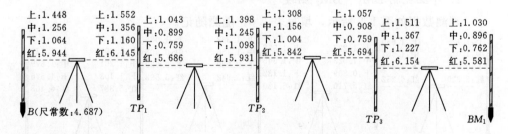

上：1.448　上：1.552　上：1.043　上：1.398　上：1.308　上：1.057　上：1.511　上：1.030
中：1.256　中：1.356　中：0.899　中：1.245　中：1.156　中：0.908　中：1.367　中：0.896
下：1.064　下：1.160　下：0.759　下：1.098　下：1.004　下：0.759　下：1.227　下：0.762
红：5.944　红：6.145　红：5.686　红：5.931　红：5.842　红：5.694　红：6.154　红：5.581

B(尺常数：4.687)　TP_1　　TP_2　　　TP_3　　BM_1

图 1.4　B—BM_1 测段观测示意图

表 1.5　　　　　　　　　　　　四等水准测量记录表（1）

测自　　　　点至　　　　点　　　　天气：　　　　　　　　日期：

仪器号码：　　　　　　　　　观测者：　　　　　　　　记录者：

测站编号	后尺	上丝	前尺	上丝	方向及尺号	标尺读数		K＋黑一红	高差中数	备注
		下丝		下丝		黑	红			
	后距		前距							
	视距差		累计差							
检核	$\sum_{后距}=$				$\sum_{后黑}=$　　$\sum_{后红}=$					
	$\sum_{前距}=$				$\sum_{前黑}=$　　$\sum_{前红}=$					
	$\sum_{后距}-\sum_{前距}=$				$\sum_{黑面高差}=$　　$\sum_{红面高差}=$			$\sum_{h}=$		
	总距离 $L=$				$\frac{1}{2}(\sum_{黑面高差}+\sum_{红面高差})=$					

2. 外业观测 BM_1—BM_2 测段

观测数据如图 1.5 所示，填写表 1.6，随测随记。

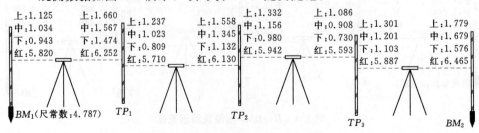

图 1.5　BM_1—BM_2 测段观测示意图

表 1.6　　　　　　　　　　　　四等水准测量记录表（2）

测自　　　　点至　　　　点　　　　天气：　　　　　　　　　日期：

仪器号码：　　　　　　　　　　　观测者：　　　　　　　记录者：

测站编号	后尺	上丝	前尺	上丝	方向及尺号	标尺读数		K＋黑－红	高差中数	备注
		下丝		下丝		黑	红			
	后距		前距							
	视距差		累计差							
检核	$\sum_{后距}=$				$\sum_{后黑}=$　　$\sum_{后红}=$			$\sum_h=$		
	$\sum_{前距}=$				$\sum_{前黑}=$　　$\sum_{前红}=$					
	$\sum_{后距}-\sum_{前距}=$				$\sum_{黑面高差}=$　$\sum_{红面高差}=$					
	总距离 $L=$				$\frac{1}{2}(\sum_{黑面高差}+\sum_{红面高差})=$					

3. 外业观测 BM_2—C 测段

观测数据如图 1.6 所示，填写表 1.7，随测随记。

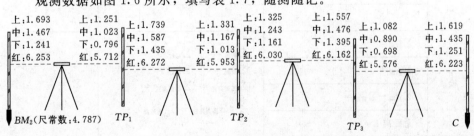

图 1.6　BM_2—C 测段观测示意图

表 1.7　　　　　　　　　　**四等水准测量记录表（3）**

测自　　　　点至　　　　点　　　　　天气：　　　　　　　　日期：

仪器号码：　　　　　　　　　观测者：　　　　　　　　记录者：

测站编号	后尺 上丝 / 下丝	前尺 上丝 / 下丝	方向及尺号	标尺读数		$K+$黑$-$红	高差中数	备注
	后距	前距		黑	红			
	视距差	累计差						
1								
2								
3								
4								
检核	$\sum_{后距}=$ $\sum_{前距}=$ $\sum_{后距}-\sum_{前距}=$ 总距离 $L=$		$\sum_{后黑}=$　$\sum_{后红}=$ $\sum_{前黑}=$　$\sum_{前红}=$ $\sum_{黑面高差}=$　$\sum_{红面高差}=$ $\frac{1}{2}(\sum_{黑面高差}+\sum_{红面高差})=$					$\sum_h=$	

程序2：内业高差调整及高程计算。

根据程序1的外业观测数据填写表1.8。

表1.8 附合水准路线高程误差配赋表

测段编号	点名	测段长度 /km	实测高差 /m	改正数 /m	改正后高差 /m	高程 /m
辅助计算	$f_h = \sum h_测 - (H_终 - H_始) =$ $f_{h允} = \pm 20 \sqrt{L} =$					

1.5 导线点的高程引测

导线点的平面位置已通过导线点坐标计算表得出，其高程采用普通水准测量引测，现采用工程水准测量进行引测。如图1.7所示，采用如下水准路线进行观测，各段观测高差均注记于图上，请填写高程误差计算表1.9。

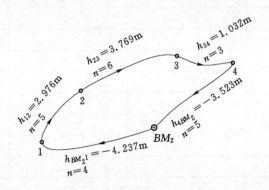

图1.7 闭合水准路线示意图

表 1.9　　　　　　　　　　　　闭合水准路线高程误差配赋表

测段编号	点名	测站数	实测高差/m	改正数/m	改正后高差/m	高程/m
辅助 计算	$f_h = \sum h_{测} =$ $f_{h允} = \pm 20\sqrt{n} =$					

1.6　控制点成果表整理

控制点成果整理见表 1.10。

表 1.10　　　　　　　　　　控 制 点 成 果 表

点　　号	x/m	y/m	H/m
A			
B			
1			
2			
3			
4			
C			
D			

第2章 地形图测绘

2.1 展绘控制点

采用坐标格网纸，根据表 2.1 控制点成果展绘控制点，比例尺 1∶1000。

2.2 绘制地形图

用经纬仪和视距尺测得如下地物，完成表 2.1，并在图上展出地物。B 测站仪器高为 1.45m，测站 1 仪器高为 1.53m，测站 2 仪器高为 1.50m。

表 2.1　　　　　　　　　　　视距测量记录、计算手簿

测站点	后视点	观测点号	上丝读数 下丝读数 /m	中丝读数 /m	竖直角 /(° ′ ″)	水平距离 /m	高差 /m	高程 /m	水平角 /(° ′ ″)	备注
B	A	11	2.384 1.876	2.130	19　29　57				286　29　04	乡间小路
B	A	12	1.968 0.591	1.279	21　23　27				130　34　06	乡间小路
B	A	13	2.533 0.597	1.565	8　52　22				33　42　21	教堂
B	A	14	2.734 0.386	1.560	4　22　06				68　57　12	抽水机站
B	A	15	1.428 1.171	1.230	17　43　58				195　14　23	陡坎
B	A	16	1.894 0.639	1.266	17　23　13				138　51　42	陡坎
B	A	17	2.379 0.473	1.426	6　27　35				126　40　56	陡坎
1	2	18	1.795 0.984	1.389	19　23　47				105　34　47	池塘
1	2	19	2.015 0.628	1.321	13　20　34				140　40　47	池塘

测站点	后视点	观测点号	上丝读数 下丝读数 /m	中丝读数 /m	竖直角 /(° ′ ″)	水平距离 /m	高差 /m	高程 /m	水平角 /(° ′ ″)	备注
1	2	20	2.476 0.668	1.572	5 22 57				134 54 26	池塘
1	2	21	1.795 0.439	1.117	12 32 59				78 23 44	池塘
2	B	22	1.764 0.726	1.249	16 22 45				96 04 10	砼房
2	B	23	1.869 0.694	1.281	19 23 21				87 23 31	砼房
2	B	24	1.694 0.517	1.106	16 19 18				99 20 15	砼房

第 3 章　施工放样的相关工作

3.1　坝轴线放样

坝轴线通过地形图确定，两端点坐标见表 3.1，坝轴线两端点的位置如图 3.1 所示。

表 3.1　　　　　　　　　　坝　轴　线　坐　标

点　　号	x/m	y/m	坝顶高程/m
M	2269.307	1475.245	1195.000
N	2247.960	1541.911	1195.000

如果采用控制点 1、2、3 放样坝轴线端点 M、N，下面用三种方法放样 M、N 点。

1. 前方交会

如图 3.2 所示，采用点 1、2 放样 M 点，点 2、3 放样 N 点。

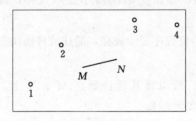

图 3.1　坝轴线点位示意图　　　图 3.2　前方交会放样示意图

程序 1：计算放样数据：β_1、β_2、β_3、β_4 四个角。

$\beta_1 = ($　　　　　　　$)$　　　　$\beta_2 = ($　　　　　　　$)$

$\beta_3 = ($　　　　　　　$)$　　　　$\beta_4 = ($　　　　　　　$)$

程序 2：根据放样数据，使用经纬仪进行放样，简述放样过程。

2. 采用极坐标放样

如图 3.3 所示，采用点 2 放样 M、N 点，点 3 作为定向点。

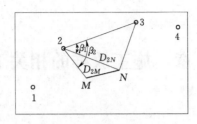

图 3.3　极坐标放样示意图

程序 1：计算放样数据：β_1、β_2、D_{2N}、D_{2M}。

$\beta_1 = ($ 　　　　　　$)$　　　　　$\beta_2 = ($ 　　　　　　$)$

$D_{2N} = ($ 　　　　　　$)$　　　　　$D_{2M} = ($ 　　　　　　$)$

程序 2：根据放样数据，使用经纬仪或全站仪进行放样，简述放样过程。

3. 采用全站仪的坐标放样程序放样

采用点 2 作为测站点，点 3 作为定向点。放样 N、M 点。

程序 1：建立测站点，输入测站点 2 坐标（　　　　　　　　　）

程序 2：设置定向点，照准定向点 3，输入点 3 坐标（　　　　　　　　　）

程序 3：放样点 N：输入点 N 坐标，根据全站仪程序提示放样，简述放样操作方法。

放样点 M：输入点 M 坐标，根据全站仪程序提示放样，简述放样操作方法。

4. 坝轴线延长

由于坝轴线点在施工时受施工影响，所以将其延长到点 M'、N' 上，不受施工影响的地方。如图 3.4 所示，简述如何延长。

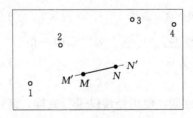

图 3.4　坝轴线延长示意图

3.2　坝身控制测量

1. 平行于坝轴线的控制线测设

如图 3.5 所示，平行于坝轴线的控制线按 5m 间隔布设，简述通过 M'、N' 如何放样平行于坝轴线的 aa'、bb'、cc'、dd'、ee'、ff'。

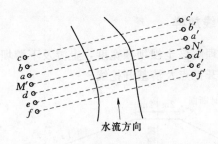

图 3.5　平行于坝轴线的控制线测设示意图

2. 垂直于坝轴线的控制线测设

（1）测定零号桩。由于坝顶设计高程为 1195.000m，所以需要在坝轴线 $M'N'$ 上找到地面高程为坝顶设计高程 1195.000m 的零号桩，采用已知点 1 点测设该点。如图 3.6 所示。采用水准引测零号桩，后视读数已标注于图中，计算零号桩放样时应该有的前视读数，并简述放样过程。

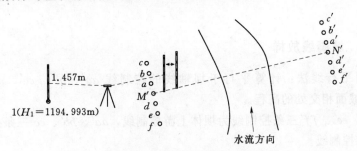

图 3.6　零号桩放样示意图

（2）垂直于坝轴线的控制线测设。从零号桩开始，沿坝轴线每隔 10m 确定横断面，如图 3.7 所示，简述横断面测设步骤。

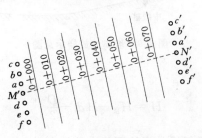

图 3.7　横断面线测设

3.3 清基开挖线放样

如图 3.8 所示，理解该土坝坝顶宽度，上游及下游坝面坡度为多少，简述如何在现场确定坝基开挖点及清基开挖线。

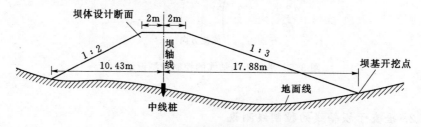

图 3.8　清基开挖线确定示意图

3.4 坡脚线放样

采用平行线法：计算平行于坝轴线的控制线 aa'、bb'、cc'、dd'、ee'、ff' 与坝坡面相交处的高程。

dd'、ee'、ff' 三条控制线为坝体上游控制线，aa'、bb'、cc' 三条控制线为坝体下游控制线。

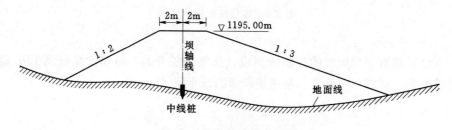

图 3.9　坡脚线放样示意图

公式采用：

$$H_i = H_顶 - i\left(d_i - \frac{D}{2}\right)$$

式中　H_i——第 i 条平行线与坝坡面相交处的高程，m；

　　　$H_顶$——坝顶高程，m；

　　　i——坝坡面的设计坡度；

d_i——轴距，第 i 条平行线与坝轴线之间的距离，m；

D——坝顶的设计宽度，m。

表 3.2 平行于坝轴线的控制线高程计算表

轴线编号	坝顶高程 $H_顶$ /m	坝坡面的设计坡度 i/m	轴距 d_i/m	坝顶的设计宽度 D/m	H_i/m
aa'					
bb'					
cc'					
dd'					
ee'					

常 用 记 录 表 格

普通水准测量记录手簿 （1）

测站	测点	水准尺读数/m		高差/m	
		后视 a	前视 b	+	−
计算校核					

附表 2　　　　　　　　　普通水准测量记录手簿（2）

| 测站 | 测点 | 水准尺读数/m | | 高差/m | |
		后视 a	前视 b	＋	－
计算校核					

附表 3　　　　　　　　　高 程 误 差 配 赋 表

测段编号	点名	测站数	实测高差/m	改正数/m	改正后高差/m	高程/m
辅助计算						

附表 4 测 回 法 观 测 记 录 表

测站	测回	竖盘位置	目标	水平度盘读数 /(° ′ ″)	半测回角值 /(° ′ ″)	一测回角值 /(° ′ ″)	各测回平均角值 /(° ′ ″)

附表 5 **方向观测法观测记录表**

测回	目标	水平度盘读数/(°′″)		2C/″	平均读数 /(°′″)	归零后方向值 /(°′″)	各测回平均方向值 /(°′″)
		盘左	盘右				
(1)	(2)	(3)	(4)	(5)	(6)	(7)	(8)

附表 6 **竖 直 角 观 测 记 录 表**

测站	目标	盘位	竖盘读数 /(°′″)	半测回竖直角 /(°′″)	指标差 /(″)	一测回竖直角 /(°′″)

测站编号	后尺	上丝	前尺	上丝	方向及尺号	标尺读数		K＋黑－红	高差中数	备注
		下丝		下丝		黑	红			
	后距		前距							
	视距差		累计差							
检核	$\sum_{后距}=$				$\sum_{后黑}=$　　$\sum_{后红}=$ $\sum_{前黑}=$　　$\sum_{前红}=$ $\sum_{黑面高差}=$　$\sum_{红面高差}=$ $\frac{1}{2}(\sum_{黑面高差}+\sum_{红面高差})=$				$\sum_{h}=$	
	$\sum_{前距}=$									
	$\sum_{后距}-\sum_{前距}=$									
	总距离 $L=$									

　　　　　　　　　　四等水准测量记录(2)

测站编号	后尺	上丝	前尺	上丝	方向及尺号	标尺读数		$K+$黑$-$红	高差中数	备注
		下丝		下丝		黑	红			
	后距		前距							
	视距差		累计差							
检核	$\sum_{后距}=$				$\sum_{后黑}=$　　$\sum_{后红}=$ $\sum_{前黑}=$　　$\sum_{前红}=$ $\sum_{黑面高差}=$　$\sum_{红面高差}=$ $\frac{1}{2}(\sum_{黑面高差}+\sum_{红面高差})=$			$\sum_h=$	
	$\sum_{前距}=$									
	$\sum_{后距}-\sum_{前距}=$									
	总距离 $L=$									

附表9　　　　　　　　　　　导 线 计 算 表

点号	观测角 /(° ′ ″)	改正后角值 /(° ′ ″)	坐标方位角 /(° ′ ″)	距离 /m	坐标增量/m		坐标值/m	
					Δx	Δy	x	y
辅助 计算								

附表 10　　　　　　　　　　　纵断面水准测量手簿

测站	桩号	后视读数/m	视线高程/m	前视读数/m		高程/m	备注
				间视	转点		
校核计算							

附表 11 　　　　　　　 土 方 计 算 表

桩号	地面高程/m	渠底设计高程/m	中心桩		断面面积/m²		两桩间距/m	土方/m³		备注
			挖深/m	填高/m	挖	填		挖方	填方	

ISBN 978-7-5170-5186-2

9 787517 051862 >

2. 仪高法

由仪器的视线高程计算 B 点高程，称为仪高法。从图 2.1 中可看出，A 点的高程加后视读数即得仪器的水平视线高程，即

$$H_i = H_A + a \qquad (2.3)$$

由此得 B 点高程

$$H_B = H_i - b \qquad (2.4)$$

当安置一次仪器要求测出若干个前视点的高程时，应用仪高法，此法在工程测量中被广泛应用。

2.1.2 连续水准测量

实际工作中，通常 A、B 两点相距较远或高差较大，仅安置一次仪器难以测得两点的高差，必须分成若干站，逐站安置仪器连续观测，如图 2.2 所示。

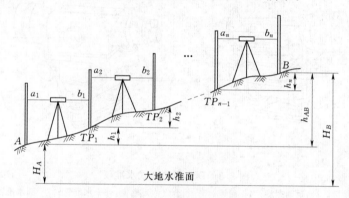

图 2.2 连续水准测量

$$h_1 = a_1 - b_1$$
$$h_2 = a_2 - b_2$$
$$\vdots$$
$$h_n = a_n - b_n$$

A、B 两点的高差 h_{AB} 应为各测站高差的代数和。即

$$h_{AB} = h_1 + h_2 + \cdots + h_n = \sum h_i = \sum a - \sum b \qquad (2.5)$$

若 A 点高程已知，则 B 点的高程为

$$H_B = H_A + h_{AB}$$

在水准测量中，A、B 两点之间的临时性立尺点，仅起传递高程的作用，这些点称为转点，通常以 TP 表示，如图中的 TP_1、TP_2、$\cdots$、TP_{n-1}。

2.1.3 几何水准测量的规律

（1）每站高差等于水平视线的后视读数减去前视读数。

（2）起点至终点的高差等于各站高差的总和，也等于各站后视读数的总和减去前视读数的总和。

2.2 水准测量的仪器和工具

水准测量所使用的仪器和工具有水准仪、水准尺和尺垫三种。

2.2.1 DS₃ 型微倾式水准仪

"D"和"S"分别为"大地测量"和"水准仪"汉语拼音的第一个字母,"3"表示用该类仪器进行水准测量,每千米往返测高差中数的偶然中误差为±3mm。水准仪的类型很多,在工程测量中,最常用的是 DS₃ 型微倾式水准仪和自动安平水准仪,本节主要介绍 DS₃ 型微倾式水准仪。

如图 2.3 所示,为我国生产的 DS₃ 型微倾式水准仪。它主要由望远镜、水准器和基座三部分构成。下面着重介绍其主要部件的结构与作用。

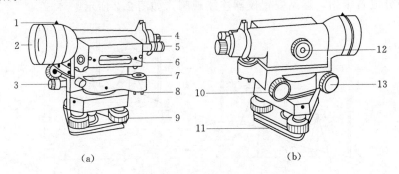

(a)   (b)

图 2.3 DS₃ 型微倾式水准仪

1—准星;2—物镜;3—制动螺旋;4—目镜;5—符合气泡观察窗;6—水准管;7—圆水准器;8—圆水
准器校正螺钉;9—脚螺旋;10—微倾螺旋;11—基座;12—物镜对光;13—水平微动螺旋

2.2.1.1 望远镜

望远镜是用来瞄准不同距离的水准尺并进行读数。如图 2.4 所示,该图是 DS₃ 型水准仪望远镜的构造图,它主要由物镜、目镜、调焦透镜、调焦螺旋和十字丝分划板所组成。

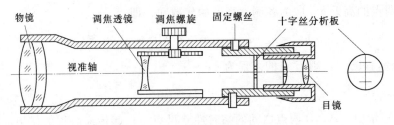

图 2.4 望远镜构造

物镜和目镜均为复合透镜组。物镜的作用是将目标成像在十字丝平面上,形成缩小的实像。为使不同距离目标的像都能清晰地位于十字丝分划板上,需旋转物镜调焦螺旋,称为物镜调焦。目镜的作用是将物镜所成的目标实像连同十字丝一起,形成放大的虚像。为使十字丝影像清晰,需转动目镜调焦螺旋,称为目镜调焦。

望远镜涉及以下重要概念：

1. 视准轴

视准轴是指物镜光心与十字丝交点的连线。观测时的视线即是视准轴的延长线。视准轴是水准仪的主要轴线之一。

2. 望远镜的放大率

望远镜的放大率是指从望远镜内所看到的物体的像的视角与直接观察该物体的视角之比。DS₃ 水准仪望远镜的放大率一般为 30 倍。

3. 视差

用望远镜观测时，观测者的眼睛上下移动，如果目标的像与十字丝之间有相对移动，这种现象称为视差。视差的存在会影响精确照准和读数。其产生的原因是目标的影像没有准确成像在十字丝平面上。清除视差的方法是采用目镜调焦使十字丝清晰，然后照准目标，进行物镜调焦，使目标的影像清晰，移动眼睛观察视差是否清除，如仍存在视差，应反复调节目镜和物镜调焦螺旋。

4. 正像与倒像

望远镜有正像和倒像两种类型。目前生产的水准仪多为正像。用望远镜读数时要分清正像与倒像，避免出错。

2.2.1.2 水准器

水准器有水准管和圆水准器两种。水准管用来使望远镜视准轴水平从而获得水平视线；圆水准器是使竖轴处于铅垂位置。

1. 水准管

水准管，是一纵向内壁磨成圆弧形的玻璃管，管内装酒精和乙醚的混合液，加热融封冷却后留有一个气泡，如图 2.5 所示。由于气泡较轻，故恒处于管内最高位置。

水准管上一般刻有间隔为 2mm 的分划线，分划线的对称中心 O，称为水准管的零点。通过零点作水准管圆弧的切线，称为水准管轴 LL，当水准管的气泡中点与水准管零点重合时，称为气泡居中，这时水准管轴 LL 处于水平位置。水准管圆弧长 2mm 所对的圆心角 τ，称为水准管分划值，用公式表示即

$$\tau'' = \frac{2}{R}\rho''$$ (2.6)

式中 ρ''——弧度换算成秒的常数为 $206265''$；

R——水准管圆弧半径，mm。

式（2.6）说明圆弧的半径 R 越大，角值 τ 越小，则水准管灵敏度越高。DS₃ 级水准仪水准管的分划值一般为 $20''$。

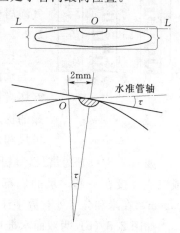

图 2.5　水准管

微倾式水准仪在水准管的上方安装一组符合棱镜，如图 2.6（a）所示。通过符合棱镜的反射作用，使气泡两端的像反映在望远镜旁的符合气泡观察窗中。若气泡两端的半像吻合时，就表示气泡居中，如图 2.6（b）所示。若气泡的半像错开，则表示气泡不居中，

如图 2.6（c）所示。这时，应转动微倾螺旋，使气泡的半像吻合。

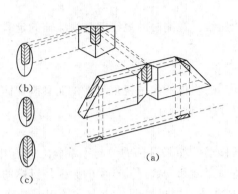

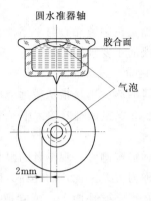

图 2.6 符合棱镜

图 2.7 圆水准器

2. 圆水准器

如图 2.7 所示，圆水准器顶面的内壁是球面，球面中央刻有小圆圈，圆圈的中心为水准器的零点。通过球心和零点的连线为圆水准器轴，当圆水准器气泡居中时，圆水准器轴处于竖直位置。气泡中心偏移零点 2mm 轴线所倾斜的角值，称为圆水准器的分划值。DS$_3$ 水准仪圆水准器的分划值一般为 8′。由于它的精度较低，故只用于仪器的概略整平。

2.2.1.3 基座

基座的作用是支承仪器的上部，并与三脚架连接。它主要由轴座、脚螺旋、底板和三角压板构成，转动脚螺旋可使圆水准器气泡居中。

2.2.2 水准尺和尺垫

1. 水准尺

水准尺是进行水准测量时与水准仪配合使用的标尺。其质量好坏直接影响水准测量的精度。因此，水准尺需用不易变形且干燥的优质木材制成，要求尺长稳定，分划准确。常用的水准尺有塔尺和双面尺两种，如图 2.8 所示。

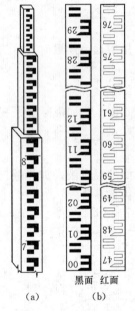

黑面 红面
（a） （b）

图 2.8 水准尺

如图 2.8（a）为塔尺，塔尺多用于等外水准测量。其长度有 3m 和 5m 两种，用两节或三节套接在一起。尺的底部为零点，尺面上黑白格相间，每格宽度为 1cm，有的为 0.5cm，在米和分米处有数字注记。

如图 2.8（b）为双面水准尺，双面水准尺多用于等级水准测量。其长度为 3m，两根尺为一对。尺的两面均有刻划，一面黑白相间称为黑面；另一面红白相间称为红面。两面最小刻划均为 1cm，并在分米处进行注记。两根尺的黑面均由零开始，而红面，一根尺由 4.687m 开始至 7.687m，另一根由 4.787m 开始至 7.787m。在视线高度不变的情况下，同一根水准尺的红面和黑面读数之差应等于常数 4.687m 或 4.787m，这个常数称为尺常数，用 K 表示，以此可以检核读数是否正确。

由于水准仪的望远镜有正像与倒像两种类型，因此，在使用正像的水准仪时，应选用注记为正写的水准尺，在使用倒像的水准仪时，则应选用注记为倒写的水准尺。这样在望远镜读数时看到的均为正字。

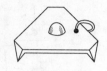

图 2.9　尺垫

2. 尺垫

尺垫是在转点处放置水准尺用的。如图 2.9 所示，它用生铁铸成，一般为三角形，中央有一凸起的半球状圆顶，下方有三个支脚，用时将支脚牢固地插入土中，以防下沉和移位，上方凸起的半球形顶点作为竖立水准尺和标志转点之用。

注意：水准观测时，已知水准点和待定水准点上，切记不能放置尺垫。

2.3　水准仪的操作

水准仪的使用包括仪器的安置、粗平、瞄准、精平和读数。

2.3.1　安置

在架设仪器处，打开三脚架，将其支在地面上，通过目测，使架头大致水平且高度适中（约在观测者的胸颈部），并检查脚架腿是否安置稳固，脚架伸缩螺旋是否拧紧，然后打开仪器箱取出水准仪，置于三脚架头上，并用中心连接螺旋将仪器牢固地固连在三脚架头上。

2.3.2　粗平

通过调节脚螺旋使圆水准器气泡居中。具体操作步骤如下。

如图 2.10（a）所示，气泡未居中而位于 a 处，则先按图上箭头所指的方向用两手相对转动脚螺旋①和②，使气泡移到 b 的位置，如图 2.10（b）所示。再转动脚螺旋③，即可使气泡居中。在整平的过程中，气泡的移动方向与左手大拇指运动的方向一致。

粗平规律：顺时针旋转脚螺旋使其升高。

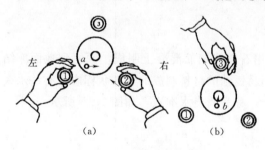

图 2.10　圆水准器的整平

2.3.3　瞄准

1. 目镜对光

使望远镜对向远方明亮的背景，转动目镜对光螺旋，直到十字丝清晰为止。

2. 初步照准

松开制动螺旋，转动望远镜，通过镜筒上部的瞄准器瞄准水准尺，然后拧紧制动螺旋。

3. 物镜对光和精确照准

先转动物镜对光螺旋使尺像清晰，然后转动微动螺旋使尺像位于视场中央。

4. 消除视差

若存在视差，如图 2.11（b）所示，必有读数误差，应予以消除。仔细调节目镜和物镜调焦螺旋，直到眼睛上、下移动时读数不变为止，如图 2.11（a）所示。

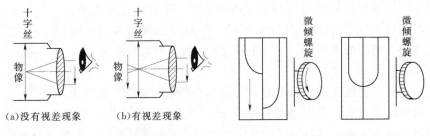

（a）没有视差现象　　（b）有视差现象

图 2.11　视差原理

图 2.12　精平

2.3.4　精平

如图 2.12 所示，使眼睛靠近气泡观察窗，同时缓慢地转动微倾螺旋，当气泡影像吻合并稳定不动时，表明气泡已居中，视线处于水平位置。此时应及时用中丝在水准尺上截取读数。

2.3.5　读数

如图 2.13 所示，首先估读水准尺与中丝重合位置处的毫米数，然后报出全部读数。图中的读数应为 1.823m。读完数后，还需再检查气泡影像是否仍然吻合，若发生了移动需再次精平，重新读数。

图 2.13　读数

2.4　水准测量的方法

2.4.1　水准点

用水准测量方法测定高程的控制点称为水准点，简记为 *BM*。水准点有永久性和临时性两种。

1. 永久性水准点

国家等级水准点，如图 2.14 所示。一般用石料或钢筋混凝土制成，深埋到地面冻结线以下，在标石的顶面设有用不锈钢或其他不易锈蚀的材料制成的半球状标志。有些永久性水准点的金属标志也可镶嵌在稳定的墙脚上，称为墙上水准点，如图 2.15 所示。

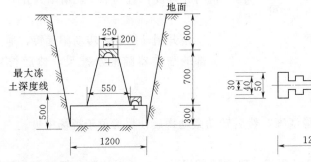

图 2.14　国家等级水准点（单位：mm）

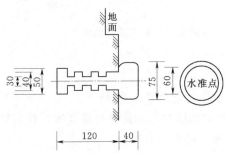

图 2.15　墙上水准点（单位：mm）

16

2. 临时性水准点

可以在地上打入木桩，也可在建筑物或岩石上用红漆画一个临时标志，作为临时水准点的标志。

2.4.2 简单水准测量、路线水准测量

水准测量根据已知水准点与待定水准点之间的距离远近、高差大小，待定点个数多少，可分为简单水准测量和路线水准测量。两者操作方法基本相同，区别在于前者一个测站即可求得待定点的高程，后者则要多站传递高程以求得各待定点高程。

1. 简单水准测量

已知水准点到待定点之间的距离较近（小于 200m），高差较小（小于水准尺长），由一个测站即可测出待定点的高程。其计算方法可以采用高差法或仪高法。

一个测站的基本操作程序如下。

（1）在两点之间安置水准仪，进行粗平。

（2）照准后视已知水准点的水准尺，精确整平，读出后视中丝读数。

（3）松开水平制动螺旋，照准前视待定点的水准尺，读出前视中丝读数。

（4）按式（2.1）～式（2.4）计算高差或视线高程，推算待定点的高程。

2. 路线水准测量

在水准点间进行水准测量所经过的路线，称为水准路线。相邻水准点之间的路线称为测段。

2.4.3 水准路线

在一般的工程测量中，水准路线的布设形式有以下三种。

1. 附合水准路线

（1）附合水准路线的布设方法。如图 2.16 所示，从已知高级水准点 $BM_{Ⅲ1}$ 出发，沿各待定高程点 1、2、3、4 进行水准测量，最后测至另一高级水准点 $BM_{Ⅲ2}$ 所构成的施测路线，称为附合水准路线。

图 2.16 附合水准路线

（2）成果检核。附合水准路线各测段高差代数和，理论上应等于两个已知水准点 $BM_{Ⅲ1}$、$BM_{Ⅲ2}$ 之间的高差。即

$$\sum h_{理} = H_{Ⅲ2} - H_{Ⅲ1} \tag{2.7}$$

2. 闭合水准路线

（1）闭合水准路线的布设方法。如图 2.17 所示，从一已知水准点 BM_1 出发，沿待定高程点 1、2、3、4 进行水准测量，最后仍回到原水准点 BM_1 所组成的环形路线，称为闭合水准路线。

（2）成果检核。闭合水准路线各测段高差代数和，理论上应等于零。即

$$\sum h_{理} = 0 \tag{2.8}$$

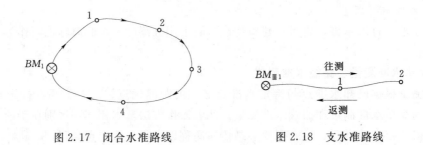

图 2.17 闭合水准路线   图 2.18 支水准路线

3. 支水准路线

(1) 支水准路线的布设方法。如图 2.18 所示，从一已知水准点 $BM_{\mathrm{III}1}$ 出发，沿待定高程点 1、2 进行水准测量，其路线既不附合也不闭合，称为支水准路线。支水准路线无检核条件，必须往返观测以资校核。

(2) 成果检核。支水准路线往测高差与返测高差代数和，理论上应等于零，即

$$\sum h_{往测} + \sum h_{返测} = 0 \tag{2.9}$$

2.4.4 路线水准测量的施测方法

1. 外业观测、记录及计算

拟定出水准路线并选定水准点之后，即可进行水准路线的外业施测。如图 2.19 所示，水准点 A 的高程为 27.354m，现拟测量 B 点的高程，其观测步骤如下。

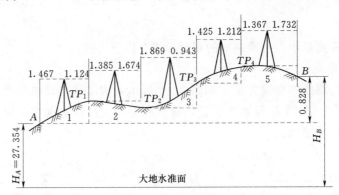

图 2.19 水准测量略图

(1) 在起始水准点 A 上竖立水准尺，作为后视点。

(2) 在路线上适当位置安置水准仪，并在路线的前进方向上选择转点 TP_1，在转点处放置尺垫，在尺垫上竖立水准尺作为前视点。仪器到两水准尺的距离应基本相等，最大差值不应超过 20m；最大视距应不大于 150m。

(3) 观测员将仪器概略整平，照准后视尺，消除视差，精确整平，读取后视读数 1.467 并记入手簿，如表 2.1 所示。

(4) 转动水准仪，照准前视尺，消除视差，精确整平，读取前视读数 1.124 并记入手簿。

(5) 计算 A、TP_1 两点间的高差，即 $h_{A1} = 1.467 - 1.124 = +0.343$ （m），算出高差，记入手簿中相应位置，如表 2.1 所示。

（6）前视尺位置不动，变作后视，按步骤（2）~（5）进行操作，测到终点 B 为止。

表 2.1 水准测量记录手簿

测 站	测 点	水准尺读数/m		高 差/m	
		后视 a	前视 b	＋	－
1	BM_1	1.467		0.343	
	TP_1		1.124		
2	TP_1	1.385			0.289
	TP_2		1.674		
3	TP_2	1.869		0.926	
	TP_3		0.943		
4	TP_3	1.425		0.213	
	A		1.212		
5		1.367			0.365
			1.732		
计算校核		$\sum a=7.513$	$\sum b=6.685$	$\sum=+1.482$	$\sum=-0.654$
		$\sum a-\sum b=+0.828\text{m}$		$\sum h=+0.828\text{m}$	

2. 水准测量的校核

（1）计算检核。为保证高差计算的正确性，应在每页手簿下方进行计算检核。检核的依据如下。

$$\sum h=\sum a-\sum b$$

即各测站测得的高差的代数和应等于后视读数之和减去前视读数之和。

如表 2.1 中

$$\sum h=1.482+(-0.654)=+0.828（\text{m}）$$

$$\sum a-\sum b=7.513-6.685=+0.828（\text{m}）$$

所求两数相等，说明计算正确无误。

（2）测站检核。各站测得的高差是推算待定点高程的依据，若其中任何一测站所测高差有误，则全部测量成果就不能使用。计算检核仅能检查高差的计算是否正确，并不能检核因观测、记录原因导致的高差错误。因此，对每一站的高差还需进行测站检核。测站检核通常采用以下两种方法。

1）变动仪器高法。在同一测站上，改变仪器高度，两次测定高差。第一次测定后，重新安置仪器，使仪器高度的改变量不小于 10cm，再进行第二次高差测定，两次测得的高差之差若不超过容许值（如等外水准测量为 $\pm6\text{mm}$），则符合要求。取高差的平均值作为该测站的观测高差，否则需返工重测。

2）双面尺法。在同一测站上仪器高度不变，分别用水准尺的黑、红面各自测出两点之间的高差，若两次高差之差不超过容许值，同样取高差的平均值作为观测结果。

2.5 高 程 计 算

进行水准测量成果计算时，要先检查野外观测手簿，计算各点间高差，如检核无误，则根据野外观测高差计算高差闭合差，若闭合差符合规定的精度要求，则调整闭合差，最后计算各点的高程。以上工作，称为水准测量的内业。

2.5.1 高差闭合差的计算

一条水准路线，从理论上讲其实测高差应等于其理论值，若不等，其差值即为高差闭合差，高差闭合差不应超过规定的限差。不同形式的水准路线，高差闭合差的含义有所差异，计算方法也不同。

对于附合水准路线，各测段观测高差的代数和 $\sum h_{测}$ 应等于路线两端已知水准点的高程之差 $H_{终} - H_{起}$。由于测量误差的存在，实际上这两者一般不会相等，所存在的差值称为附合水准路线的高差闭合差，用 f_h 表示。即

$$f_h = \sum h_{测} - (H_{终} - H_{起}) \tag{2.10}$$

对于闭合水准路线，各测段观测高差的代数和 $\sum h_{测}$ 应等于零，如果不等于零，即为高差闭合差，即

$$f_h = \sum h_{测} \tag{2.11}$$

对于支水准路线，沿同一路线往测所得高差 $\sum h_{往}$ 与返测所得高差 $\sum h_{返}$ 的绝对值应大小相等而符号相反，如果不相等，其差值即为高差闭合差，也称较差，即

$$f_h = |\sum h_{往}| - |\sum h_{返}| \tag{2.12}$$

不同等级的水准测量，高差闭合差的限值也不相同，等外水准测量高差闭合差的容许值 $f_{h容}$（mm）规定为

$$\left.\begin{array}{ll} 平地 & f_{h容} = \pm 40\sqrt{L} \\ 山地 & f_{h容} = \pm 12\sqrt{n} \end{array}\right\} \tag{2.13}$$

式中　L——水准路线的长度，km；

　　　n——测站数。

注意：如每千米测站数少于 15 站，用平地公式；如每千米测站数多于 15 站，用山地公式。

水准测量的高差闭合差若超过容许值，应查找原因并返工重测。

2.5.2 附合水准路线高差闭合差的调整与高程计算

如图 2.20 所示，A、B 为已知高程的水准点，A 点的高程 $H_A = 55.376$m，B 点的高程 $H_B = 58.623$m，1、2、3 为高程待定点；h_1、h_2、h_3、h_4 为各测段高差观测值；n_1、n_2、n_3、n_4 为各测段测站数。计算步骤如下。

1. 观测数据和已知数据填写

将图 2.20 中的观测数据（各测段的测站数、实测高差）及已知数据（A、B 两点已

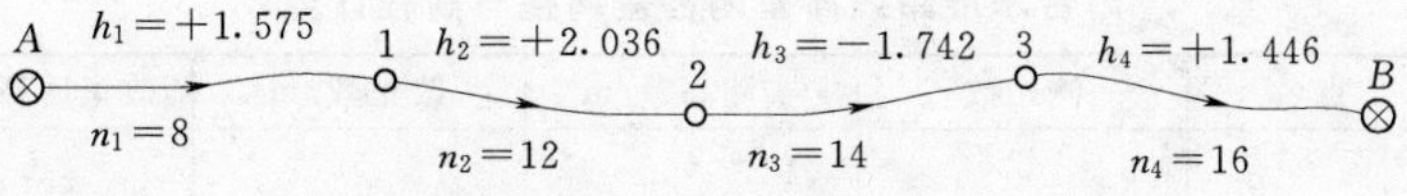

图 2.20　附合水准路线略图

知高程），填入表 2.2 相应的栏目内。

2. 高差闭合差计算

$$f_h = \sum h_{测} - (H_B - H_A) = 3.315 - (58.623 - 55.376) = 0.068 (\text{m})$$

3. 高差闭合差容许值的计算

设为山地，闭合差的容许值为

$$f_{h容} = \pm 12 \sqrt{n} (\text{mm}) = \pm 12 \sqrt{50} = \pm 84 (\text{mm})$$

由于 $|f_h| < |f_{h容}|$，高差闭合差在限差范围内，说明观测成果的精度符合要求。

4. 高差闭合差的调整

高差闭合差调整的方法：按与测段的长度或测站数成正比例进行调整，反符号进行分配，其调整值称作改正数，按测站数计算改正数的公式如下。

$$v_i = -\frac{f_h}{n} n_i \tag{2.14}$$

按测段长度计算改正数的公式如下。

$$v_i = -\frac{f_h}{L} L_i \tag{2.15}$$

式中　v_i——第 i 测段的高差改正数；

　　　n——水准路线的测站总数；

　　　n_i——第 i 测段的测站数；

　　　L——水准路线的全长；

　　　L_i——第 i 测段的路线长度。

本例是按测站数来计算改正数的，即

$$v_1 = -\frac{f_h}{n} n_1 = -\frac{0.068}{50} \times 8 = -0.011 (\text{m})$$

$$v_2 = -\frac{f_h}{n} n_2 = -\frac{0.068}{50} \times 12 = -0.016 (\text{m})$$

$$v_3 = -\frac{f_h}{n} n_3 = -\frac{0.068}{50} \times 14 = -0.019 (\text{m})$$

$$v_4 = -\frac{f_h}{n} n_4 = -\frac{0.068}{50} \times 16 = -0.022 (\text{m})$$

将各测段改正数分别填入表 2.2 中第 5 列内。

表 2.2　　　　　　　　　　　附合水准路线高差闭合差调整与高程计算

测段编号	点名	测站数	实测高差/m	改正数/m	改正后高差/m	高程/m
1	2	3	4	5	6	7
	A					55.376
1		8	+1.575	−0.011	+1.564	
	1					56.940
2		12	+2.036	−0.016	+2.020	
	2					58.960
3		14	−1.742	−0.019	−1.761	
	3					57.199
4		16	+1.446	−0.022	+1.424	
	B					58.623
Σ		50	+3.315	−0.068	+3.247	
辅助计算	\multicolumn{6}{l}{$f_h = +0.068\text{m}$ $f_{h容} = \pm 12\sqrt{n}(\text{mm}) = \pm 12\sqrt{50} = \pm 84(\text{mm})$ $\lvert f_h \rvert < \lvert f_{h容} \rvert$}

注意：

1）改正数应凑整至毫米，以米为单位填写在表 2.2 相应栏内。

2）改正数的总和应与闭合差数值相等、符号相反，根据这一关系可对各段高差改正数进行检核。

$$\sum v_i = -f_h$$

3）由于舍入误差的存在，在数值上改正数的总和可能与闭合差存在一微小值，此时可将这一微小值强行分配到测站数最多或路线最长的一个或几个测段上。

5. 改正后高差的计算

各测段改正后的高差等于实测高差加上相应的改正数，即

$$h_{i改} = h_{测} + v_i$$

改正后的高差记入表 2.2 第 6 列内。

注意：改正后的各测段高差代数和应与水准点 A、B 的高差相等，据此对改正后的各测段高差进行检核。

$$\sum h_{改} = H_B - H_A$$

6. 计算待定点高程

用改正后高差，按顺序逐点推算各点的高程，即

$$H_1 = H_A + h_{1改} = 55.376 + 1.564 = 56.940(\text{m})$$

$$H_2 = H_1 + h_{2改} = 56.940 + 2.020 = 58.960(\text{m})$$

$$\vdots$$

依此推算出所有待定点的高程，并逐一记入表 2.2 第 7 列内。最后推算得到的 B 点

高程应与水准点 B 的已知高程相等，以此来检核高程推算的正确性。

2.5.3 闭合水准路线高差闭合差的调整与高程计算

如图 2.21 所示，BM_1 为已知水准点，1、2、3、4 点为待测高程的水准点，其已知数据和观测数据如图 2.21 所示。计算步骤如下，参见表 2.3。

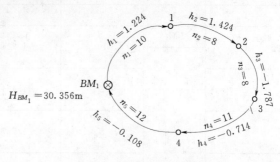

图 2.21 闭合水准路线略图

1. 观测数据和已知数据填写

将图 2.21 中的观测数据（各测段的测站数、实测高差）及已知数据（BM_1 点已知高程），填入表 2.3 相应的栏目内。

2. 高差闭合差计算

$$f_h = \sum h_{测} = +0.039\text{m}$$

3. 高差闭合差容许值的计算

设为山地，闭合差的容许值为

$$f_{h容} = \pm 12\sqrt{n}(\text{mm}) = \pm 12\sqrt{49} = \pm 84(\text{mm})$$

由于 $|f_h| < |f_{h容}|$，高差闭合差在限差范围内，说明观测成果的精度符合要求。

4. 高差闭合差的调整

按与测站数成正比的原则，反其符号进行分配，即

$$v_i = -\frac{f_h}{n}n_i$$

各测段改正数为

$$v_1 = -\frac{f_h}{n}n_1 = -\frac{0.039}{49} \times 10 = -0.008(\text{m})$$

$$v_2 = -\frac{f_h}{n}n_2 = -\frac{0.039}{49} \times 8 = -0.006(\text{m})$$

$$v_3 = -\frac{f_h}{n}n_3 = -\frac{0.039}{49} \times 8 = -0.006(\text{m})$$

$$v_4 = -\frac{f_h}{n}n_4 = -\frac{0.039}{49} \times 11 = -0.009(\text{m})$$

$$v_5 = -\frac{f_h}{n}n_5 = -\frac{0.039}{49} \times 12 = -0.010(\text{m})$$

检核：

$$\sum v_i = -f_h$$

将各测段改正数分别填入表 2.3 中第 5 列内。

表 2.3   闭合水准路线高差闭合差调整与高程计算

测段编号	点名	测站	实测高差/m	改正数/m	改正后高差/m	高程/m
1	2	3	4	5	6	7
	BM_1					30.356
1		10	+1.224	−0.008	+1.216	
	1					31.572
2		8	+1.424	−0.006	+1.418	
	2					32.990
3		8	−1.787	−0.006	1.793	
	3					31.197
4		11	−0.714	−0.009	0.723	
	4					30.474
5		12	−0.108	−0.010	0.118	
	BM_1					30.356
Σ		49	+0.039	−0.039	0.000	
辅助计算	$f_h=+0.039\text{m}$ $f_{h容}=\pm12\sqrt{n}=\pm12\sqrt{49}=\pm84(\text{mm})$ $\lvert f_h\rvert<\lvert f_{h容}\rvert$					

5. 改正后高差的计算

各测段改正后的高差等于实测高差加上相应的改正数，即

$$h_{i改}=h_{i测}+v_i$$

改正后的高差记入表 2.3 第 6 列内。

6. 计算待定点高程

根据已知水准点 A 的高程和各测段改正后的高差，依次逐点推算出各点的高程，将推算出的各点高程填入表 2.3 中第 7 列内。最后推算的 BM_1 点高程应等于已知高程，否则说明高程计算有误。

2.5.4 支水准路线高差闭合差的调整与高程计算

支水准路线的高差闭合差及容许值可分别通过式（2.12）和式（2.13）求得，但公式（2.13）中路线长度 L 或测站总数 n 只按单程计算。当 $\lvert f_h\rvert<\lvert f_{h容}\rvert$ 时，取测段往、返高差绝对值的平均值作为测段的最终高差，其符号以往测为准。推算待定点高程的方法与附合水准路线的方法相同。

2.6 微倾式水准仪的检验与校正

2.6.1 水准仪应满足的几何条件

根据水准测量原理，水准仪必须提供一条水平视线，才能正确测出两点间的高差。为此，微倾式水准仪在构件上应满足以下几何关系，如图 2.22 所示。

（1）圆水准器轴 $L'L'$ 平行于仪器竖轴 VV。

（2）十字丝的中丝垂直于仪器竖轴 VV。

（3）水准管轴 LL 平行于视准轴 CC。

2.6.2　圆水准器轴平行于仪器竖轴的检验与校正

1. 检验

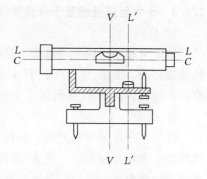

图 2.22　水准仪的轴线关系

调整脚螺旋，使圆水准器气泡居中，则圆水准器轴 $L'L'$ 处于竖直位置。松开制动螺旋，使仪器绕其竖轴 VV 旋转 180°，若气泡仍然居中，则说明 VV 轴也处在竖直位置，$L'L'$ 与 VV 平行，不需校正。若旋转 180°后，气泡不再居中，则说明 $L'L'$ 与 VV 不平行，两轴必然存在交角 δ，需要校正。如图 2.23（a）、（b）所示，为两轴不平行时，转动 180° 前、后的示意图，转动前 $L'L'$ 轴处于竖直位置，VV 轴偏离竖直方向 δ 角，转动后 $L'L'$ 轴与转动前比较倾斜了 2δ 角。

2. 校正

圆水准器底部的构造如图 2.24 所示。校正时应先松开中间的紧固螺丝，然后根据气泡偏移方向用校正针拨动校正螺丝，使气泡向零位置移动偏离量的一半，$L'L'$ 轴与竖直方向的倾角由 2δ 变为 δ，从而使 $L'L'$ 与 VV 变成平行关系，如图 2.23（c）所示。转动脚螺旋，使圆水准器气泡居中，$L'L'$ 和 VV 同时变为竖直位置，如图 2.23（d）所示。

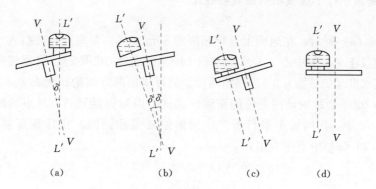

（a）	（b）	（c）	（d）

图 2.23　圆水准器的检校原理

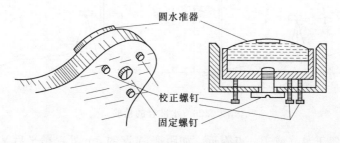

图 2.24　圆水准器校正螺丝

校正工作一般需反复进行 2～3 次才能完成，直到仪器转到任意位置，圆水准器气泡均处在居中位置为止，校正完成后注意拧紧紧固螺丝。

2.6.3 十字丝横丝垂直于仪器竖轴的检验与校正

1. 检验

用十字丝中丝的一端瞄准一目标点 M，如图 2.25（a）所示，然后用微动螺旋使望远镜缓慢转动，如果 M 点不离开中丝，如图 2.25（b）所示，说明中丝与仪器竖轴 VV 垂直，不需校正。若 M 点偏离了中丝，如图 2.25（c）所示，则需要校正。

2. 校正

取下十字丝分划板护盖，放松十字丝分划板座的压环螺丝，如图 2.25（d）所示，微微转动十字丝分划板座，使 M 点对准中丝即可。检验校正需反复进行数次，直到 M 点不再偏离中丝为止。最后拧紧压环螺丝。

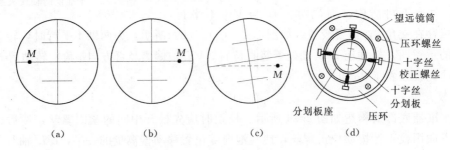

图 2.25　十字丝横丝的检验

2.6.4 水准管轴平行于视准轴的检验与校正

1. 检验

如图 2.26（a）所示，在地面上选定相距约 80m 的 A、B 两点，并打入木桩或放置尺垫。安置水准仪于 AB 的中点。若水准管轴 LL 与视准轴 CC 平行，仪器精平后，分别读出 A、B 两点水准尺的读数 a、b，根据两读数就可求出两点间的正确高差 h。若 LL 轴与 CC 轴不平行，也不会影响该高差值的正确性，这是因为仪器到 A、B 点的距离相等，在所得读数 a_1、b_1 中，因两轴不平行所产生的偏差 Δ 是相同的，在计算高差时可以抵消。这一点从图 2.26（a）中不难看出：

$$h = a_1 - b_1 = (a + \Delta) - (b + \Delta) = a - b$$

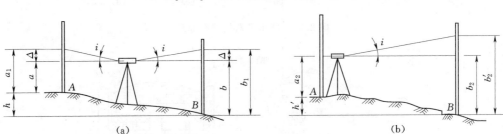

图 2.26　水准管的检验

再将仪器安置于 A（或 B）点附近，如距离 A 点约 3m 处，精平后又分别读得 A、B 点水准尺读数为 a_2、b_2'，如图 2.26（b）所示。因仪器到 A 点的距离很近，两轴不平行引起的读数误差很小，可忽略不计，即认为 a_2 为准确读数。由 a_2、b_2' 又求得两点的高差 h'，

即

$$h' = a_2 - b_2'$$

若 $h' \neq h$，说明 LL 轴与 CC 轴不平行，如差值超过 3mm，则需要校正。

2. 校正

根据读数 a_2 和正确高差 h，计算视线水平时 B 点水准尺上的正确读数 b_2，即

$$b_2 = a_2 - h$$

图 2.27 水准管
的校正

转动微倾螺旋，用中丝对准 B 点水准尺上的读数 b_2，此时视准轴 CC 处于水平位置，而水准管气泡却不再居中。如图 2.27 所示，用校正针先松开水准管一端的左（或右）校正螺丝，再分别拨动上、下两个校正螺丝，将水准管的一端升高或降低，使气泡居中。

该项校正工作需反复进行，直到 B 点水准尺的实际读数 b_2' 与正确读数 b_2 的差值不大于 3mm 为止。最后拧紧左（或右）侧的校正螺丝。

2.7 水准测量误差的来源及消减办法

水准测量的误差包括仪器误差、观测误差和外界条件引起的误差三个方面。

2.7.1 仪器误差

1. 视准轴与水准管轴不平行的误差

这项误差虽然经过检验和校正，但两轴仍会残留一个微小的交角。因此，水准管气泡居中时，视线仍会有稍许倾斜。根据前面的讨论可知，观测时只要使前、后视距相等，就可减少或消除该项误差。

2. 水准尺的误差

水准尺刻划不准确、尺底磨损、弯曲变形等都会给读数带来误差，因此应对水准尺进行检验，不合格的尺子不能使用。

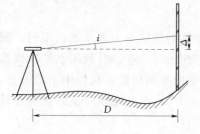

图 2.28 整平误差对读数的影响

2.7.2 观测误差

1. 整平误差

视线是否水平是根据水准管气泡是否居中来判断的，如图 2.28 所示，如果整平存在误差 i，则视线倾斜一个 i 角，将使尺上读数产生误差 Δ，设仪器至标尺的距离为 D，由图可知：

$$\Delta = \frac{i}{\rho} D \tag{2.16}$$

设仪器水准管分划值为 $20''$，如果气泡偏离 1/4 格，即 $i = 5''$，当距离 $D = 100$m 时，产生的读数误差 Δ 为 2.4mm。这样大的读数误差是不能允许的，因此，每次读数之前，一定要使水准管气泡严格居中。

2. 读数误差

在水准尺上读取的毫米数，是用估计的方法读取的，由于估读不准确而产生误差，此项误差与望远镜的放大率和视距长度有关。因此，不同等级水准测量对望远镜放大率和视距长度都有相应的要求和限制，普通水准测量中，规定望远镜的放大率应在 20 倍以上，视距不超过 150m。

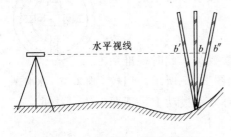

图 2.29　标尺倾斜对读数的影响

3. 视差影响

目镜和物镜对光不完善，就会存在视差。视差的存在将会给读数带来很大误差，因此必须通过重新对光予以消除。

4. 水准尺倾斜的影响

如图 2.29 所示，水准尺倾斜将使尺上读数增大，如水准尺倾斜 3°，在水准尺上 1.5m 处读数时，将会产生 2mm 的误差，因此，在观测过程中，应严格将水准尺扶正。

2.7.3　外界条件引起的误差

1. 仪器下沉

由于仪器下沉，使视线降低，从而引起高差误差。若采用"后、前、前、后"的观测程序，可减弱其影响。

2. 尺垫下沉

如果在转点发生尺垫下沉，将使下一站后视读数增大，这将引起高差误差。采用往返观测的方法，取观测成果的中数，可以减弱其影响。

3. 地球曲率的影响

如图 2.30 所示，大地水准面是一个曲面，如果水准仪的视线与大地水准面平行，则 A、B 两地面点的尺上读数应为 a' 和 b'，即正确高差应为 $h = a' - b'$；但利用水平视线读取的读数分别为 a 和 b，a' 和 a、b' 和 b 之差就是地球曲率的影响所致。从图中不难看出，如果水准仪至 A、B 两点的距离相等，则有 $a - a' = b - b' = c$，于是地球曲率的影响在计算高差时可以抵消，即

$$h = a - b = (a' + c) - (b' + c) = a' - b'$$

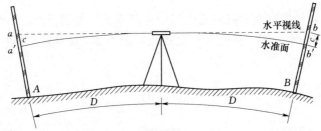

图 2.30　地球曲率对水准测量的影响

4. 大气折光影响

光线穿过不同密度的大气层时会发生折射，因而视线是弯曲的，这将给观测带来误差，这种误差称为大气折光差。折光差的大小与大气层竖向温差大小有关，越接近地面温差越大，折光差也越大。

在水准测量中，如果前、后视线弯曲相同，那么只要前、后视的距离相等，折光差对前、后视读数的影响也相等，在计算高差时可以相互抵消。但在一般情况下，前、后视线离地面高度往往不一致，因此前、后视线弯曲是不同的，如图 2.31 所示，折光差 r_1 和 r_2 的方向相反，因而使得观测高差中包含这种误差的影响。为了减小这种影响，视线离地应有足够的高度，尤其在斜坡上进行水准测量，须使上坡方向的视线最小读数不小于 0.3m。

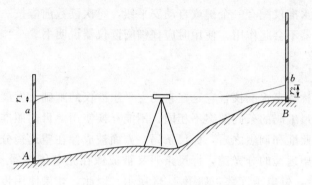

图 2.31　大气折光对读数的影响

5. 温度影响

温度的变化不仅引起大气折光的变化，而且当烈日照射水准管时，由于水准管本身和管内液体温度的升高，气泡向着温度高的方向移动，而影响仪器水平，产生气泡居中误差，因此观测时应注意给仪器撑伞遮阳。

2.8　自动安平水准仪及电子水准仪简介

2.8.1　自动安平水准仪

1. 自动安平原理

如图 2.32 所示，当望远镜视准轴倾斜了一个小角 α 时，由水准尺上的 a_0 点过物镜光心 O 所形成的水平线，不再通过十字丝中心 Z，而在离 Z 为 l 的 A 点处，显然

$$l = f\alpha \qquad (2.17)$$

式中　f——物镜的等效焦距；

　　α——视准轴倾斜的小角。

在图 2.32 中，若在距十字丝分划板 S 处，安装一个补偿器 K，使水平光线偏转 β 角，以通过十字丝中心 Z，则

$$l = S\beta \qquad (2.18)$$

故有

$$f\alpha = S\beta \qquad (2.19)$$

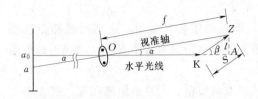

图 2.32 视线自动安平原理

这就是说，式（2.19）的条件若能得到满足，虽然视准轴有微小倾斜，但十字丝中心 Z 仍能读出视线水平时的读数 a_0，从而达到自动补偿的目的。

2. 自动安平水准仪的使用

使用自动安平水准仪时只要将圆水准气泡居中（粗略整平），即可瞄准水准尺进行读数。另外，由于补偿器相当于一个重力摆，其重力摆静止稳定一般需 $2\sim4s$，所以瞄准水准尺约过几秒钟后再读数为好。

有的自动安平水准仪配有一个键或自动安平钮，每次读数前应按一下键或按一下钮才能读数，否则补偿器不会起作用。使用时应仔细阅读仪器说明书。

2.8.2　电子水准仪

1. 电子水准仪原理

电子水准仪又称数字水准仪，它是在自动安平水准仪的基础上发展起来的。它采用条码标尺，各厂家标尺编码的条码图案不相同，不能互换使用。目前照准标尺和调焦仍需目视进行。人工完成照准和调焦之后，标尺条码一方面被成像在望远镜分划板上，供目视观测，另一方面通过望远镜的分光镜，标尺条码又被成像在光电传感器（又称探测器）上，即线阵 CCD 器件上，供电子读数，如图 2.33 所示。因此，如果使用传统水准标尺，电子水准仪又可以像普通自动安平水准仪一样使用。不过这时的测量精度低于电子测量的精度。特别是精密电子水准仪，由于没有光学测微器，当成普通自动安平水准仪使用时，其精度更低。

图 2.33　电子水准仪构造示意图

当前电子水准仪采用了原理上相差较大的三种自动电子读数方法。

（1）相关法（徕卡 NA3002/3003）。

（2）几何法（蔡司 DiNi10/20）。

（3）相位法（拓普康 DL101C/102C）。

2. 电子水准仪的使用步骤

电子水准仪型号不同，使用方法和操作也不太一样，在此简单介绍 Trimble 公司生产的 DINI₀₃ 型电子水准仪的作业步骤。

（1）新建项目。主要是在文件菜单下，选择项目管理，进入项目管理界面，可以选择已有的项目或者新建项目等。新建项目需要输入项目名称、操作者和备注。

（2）限差设置。在正式测量之前，需要按相应规范要求进行限差设置，仪器会根据所设限差进行实时超限提示，保证外业数据质量。进入限差设置界面可以进行最大视距、最小视距高、最大视距高、单站前后视距差、水准线路前后视距之差等设置。

（3）线路测量。完成新建项目和限差设置后，选择测量菜单，进入测量菜单界面，选择水准路线，可以进行观测模式的设置，然后即可根据提示开始水准测量。如果完成整个线路测量要退出，根据相关界面操作，会得出合计高差、闭合差、合计视距等。如果符合规范要求，则外业数据合格；如果不符合，则应寻找原因，重测相应测站。

（4）数据导出。数据的导出可以采用该仪器自带的 Data Transfer 软件进行。

3. 电子水准仪的特点

电子水准仪是以自动安平水准仪为基础，在望远镜光路中增加了分光镜和探测器（CCD），并采用条码标尺和图像处理电子系统构成的光机电测一体化的高科技产品。采用普通标尺时，又可像一般自动安平水准仪一样使用。

它与传统仪器相比有以下共同特点。

（1）读数客观。不存在误差、误记问题，没有人为读数误差。

（2）精度高。视线高和视距读数都是采用大量条码分划图像经处理后取平均得出来的，因此削弱了标尺分划误差的影响。多数仪器都有进行多次读数取平均的功能，可以削弱外界条件影响。不熟练的作业人员也能进行高精度测量。

（3）速度快。由于省去了报数、听记、现场计算的时间以及人为出错的重测数量，测量时间与传统仪器相比可以节省1/3左右。

（4）效率高。只需调焦和按键就可以自动读数，减轻了劳动强度。视距还能自动记录、检核、处理并能输入电子计算机进行后处理，可实现内外业一体化。

第3章 角度测量

【学习内容及教学目标】

通过本章的学习，理解水平角和竖直角的测量原理；了解经纬仪的基本构造和轴线关系；掌握经纬仪的使用方法；掌握测回法观测水平角及竖直角的观测、记录、计算方法；了解水平角观测误差来源和消除误差的方法。

【能力培养要求】

（1）具有采用 DJ$_6$ 型经纬仪正确测量水平角和竖直角的能力。

（2）具有检校 DJ$_6$ 型经纬仪的能力。

3.1 水平角、竖直角、天顶距的基本概念

在测量工作中，为了确定点的平面位置和高程，需要测量两种不同意义的角度，即水平角和竖直角（或天顶距）。

3.1.1 水平角及其测量原理

由一点到两个目标的方向线垂直投影在水平面上所成的角，称为水平角。水平角一般用 β 表示。如图 3.1 所示，由地面点 A 到 B、C 两个目标的方向线 AB 和 AC，在水平面上的投影为 ab 和 ac，其夹角 β 即为水平角。

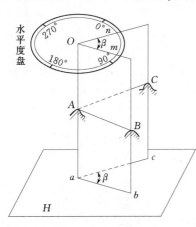

图 3.1 水平角测量原理

水平角的大小与地面点的高程无关。

若在任一点 O 水平地放置一个刻度盘，使度盘中心位于 Aa 铅垂线，再用一个既能在竖直面内转动，又能绕铅垂线水平转动的望远镜，去照准目标 B 和 C，则可将直线 AB 和 AC 投影到度盘上，截得相应的读数 n 和 m，如果度盘刻划的注记形式是按顺时针方向由 $0°$ 递增到 $360°$，则 AB 和 AC 两方向线间的水平角即为

$$\beta = m - n \tag{3.1}$$

3.1.2 竖直角及其测量原理

在同一竖直面内，目标方向线与水平线的夹角，称为竖直角，用 α 表示。如图 3.2 所示，当视线仰倾时，α 取正值；视线俯倾时，α 取负值；视线水平时，$\alpha = 0°$。竖直角的取值范围为 $0° \sim \pm 90°$。

为了测得竖直角，必须安置一个竖直度盘，得到水平线和望远镜照准目标时的方向线

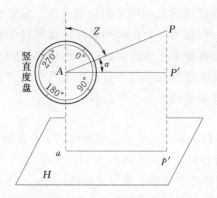

图 3.2　竖直角测量原理

在竖盘上读数，两读数之差即为观测的竖直角。

天顶距，即目标方向线与天顶方向（即铅垂线的反方向）的夹角，一般用符号 Z 表示。

天顶距和竖直角有如下关系：

$$\alpha = 90° - Z \qquad\qquad (3.2)$$

3.2　DJ₆ 型光学经纬仪的使用

用以观测水平角、竖直角的仪器称为经纬仪。经纬仪按其性质分为光学经纬仪和电子经纬仪。按精度分为 DJ₀₇、DJ₁、DJ₂、DJ₆ 几种类型。"D" 和 "J" 分别表示"大地测量"和"经纬仪"汉语拼音的第一个字母，"07、1、2、6"分别表示相应仪器一测回水平方向观测值中误差。本节主要介绍 DJ₆ 光学经纬仪的构造和使用方法。

3.2.1　DJ₆ 型光学经纬仪的基本结构

如图 3.3 所示，DJ₆ 型光学经纬仪由照准部、水平度盘和基座 3 个主要部分组成。

1. 照准部

照准部是指水平度盘以上能绕竖轴旋转的部分，包括望远镜、竖直度盘、光学对中器、水准管、光路系统、读数显微镜等，都安装在底部带竖轴（内轴）的 U 形支架上。其中望远镜、竖盘和水平轴（横轴）固连一体，组装于支架上。望远镜绕横轴上下旋转时，竖盘随着转动，并由望远镜制动螺旋和微动螺旋控制。竖盘是一个圆

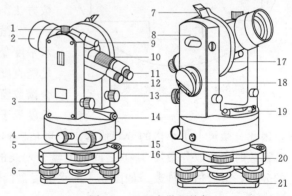

图 3.3　DJ₆ 光学经纬仪

1—望远镜制动螺旋；2—望远镜物镜；3—望远镜微动螺旋；
4—水平制动螺旋；5—水平微动螺旋；6—脚螺旋；7—竖盘
水准管观察镜；8—竖盘水准管；9—瞄准器；10—物镜调
焦螺旋；11—望远镜目镜；12—读数显微镜；13—竖盘
指标水准管微动螺旋；14—光学对中器；15—圆水准器；
16—基座；17—竖直度盘；18—反光镜；19—水准管；
20—水平度盘变换手轮；21—底板

周上刻有度数分划线的光学玻璃圆盘,用来测量竖直角。与竖直度盘配套有一个指标水准管和指标水准管微动螺旋,在观测竖直角时用来保证读数指标的正确位置。望远镜旁有一个读数显微镜,用来读取竖盘和水平度盘读数。望远镜绕竖轴左右转动时,由水平制动螺旋和水平微动螺旋控制。照准部的光学对中器和水准管用来安置仪器,以使水平度盘中心位于测站铅垂线上,并使度盘平面处于水平位置。

2. 水平度盘

水平度盘用于测量水平角,它是由光学玻璃制成的刻有度数分划线的圆盘,按顺时针方向由 0°注记至 360°,相邻两分划线之间的格值为 1°或 30′。水平度盘通过外轴装在基座中心的套轴内,并用中心锁紧螺旋使之固紧。当照准部转动时,水平度盘并不随之转动。若需改变水平度盘的位置,可通过照准部上的水平度盘变换手轮,将度盘变换到所需的位置。

3. 基座

基座是用来支承整个仪器的底座,用中心连接螺旋与三脚架相连接。基座上有三个脚螺旋,转动脚螺旋,可以使照准部水准管气泡居中,从而使水平度盘处于水平位置,即仪器的竖轴处于铅垂状态。

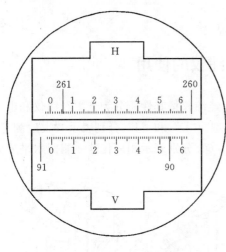

图 3.4 分微尺测微读数窗

3.2.2 DJ₆ 光学经纬仪的读数

光学经纬仪的读数设备包括度盘、光路系统和测微装置。

水平度盘、竖直度盘的分划线,通过一系列棱镜和透镜成像在测微尺上,最后显示在读数显微镜的读数窗内。DJ₆ 光学经纬仪的读数装置可以分为分微尺测微器读数和单平行玻璃测微器读数两种,下面主要介绍分微尺测微读数方法。

分微尺测微读数窗如图 3.4 所示,上窗是水平度盘的读数,标有"水平"或"H",下窗是竖直度盘的读数,标有"竖直"或"V"。每个读数窗上刻有分成 60 小格的分微尺,分微尺长度等于度盘间隔 1°的两分划线之间的影像宽度,因此分微尺上 1 小格的分划值为 1′,可估读到 0.1′。

读数时先读取分微尺 0～6 之间的度盘分划线的度数,再读取该分划线所在的分微尺上的分数,最后估读秒数。如图 3.4 的水平度盘读数是 261°05′42″,竖直度盘的读数应为 90°54′36″。

3.2.3 经纬仪的基本使用方法

经纬仪的使用包括仪器安置、照准、读数或置数三个步骤。

3.2.3.1 仪器安置

1. 对中

对中的目的是使仪器中心与测站点标志中心位于同一铅垂线上。首先根据观测者的身高调整好三脚架腿的长度,张开脚架并踩实,使三脚架头大致水平。将经纬仪从仪器箱中取出，用三脚架上的中心连接螺旋旋入经纬仪基座底板的螺旋孔。用光学对中器或垂球对中。

（1）光学对中器对中。调节光学对中器目镜、物镜调焦螺旋，使视场中的标志圆（或十字丝）和地面目标同时清晰；旋转脚螺旋，使地面点成像于对中器的标志中心，此时，因基座不水平而圆水准器气泡不居中；调节三脚架腿长度，使圆水准器气泡居中。对中误差一般不应大于1mm。

（2）垂球对中。挂垂球于中心螺旋下面的挂钩上，如果相差太大，可平移三脚架，使垂球尖大致对准测站点标志，将三脚架的脚尖踩入土中。然后将仪器从仪器箱中取出，用中心连接螺旋将仪器装在三脚架上。此时若垂球尖偏离测站点标志中心，可稍旋松连接螺旋，两手扶住仪器基座，在架头上平移仪器，使垂球尖精确对准标志中心，最后旋紧连接螺旋。对中误差一般不应大于2mm。

平移仪器，整平可能受到影响，需要重新整平，整平后光学对中器的分划圆中心可能会偏离测站点，需要重新对中。因此，这两项工作需要反复进行，直到对中和整平都满足要求为止。

2. 整平

整平的目的是使仪器竖轴竖直和水平度盘处于水平位置。

如图3.5（a）所示，整平时，先转动仪器的照准部，使照准部水准管平行于任意一对脚螺旋的连线，然后用两手同时以相反方向转动该两脚螺旋，使水准管气泡居中，注意气泡移动方向与左手大拇指移动方向一致；再将照准部转动90°，如图3.5（b）所示，使水准管垂直于原两脚螺旋的连线，转动另一脚螺旋，使水准管气泡居中。如此重复进行，直到在这两个方向气泡都居中为止。居中误差一般不得大于一格。

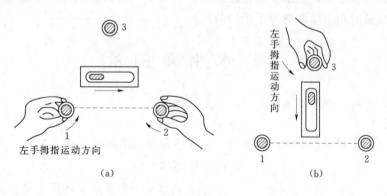

图 3.5 整平

注意上述整平、对中应交替进行，最终既使仪器竖轴铅垂，又使铅垂的竖轴与过地面测站点标志中心的铅垂线重合。

3.2.3.2 照准

照准就是使望远镜十字丝交点精确照准目标。照准前先松开望远镜制动螺旋与照准部制动螺旋，将望远镜朝向天空或明亮背景，进行目镜对光，使十字丝清晰；然后利用望远镜上的照门和准星粗略照准目标，使其在望远镜内能够看到物像，再拧紧照准部及望远镜制动螺旋；转动物镜调焦螺旋，使目标清晰，并消除视差；转动照准部和望远镜微动螺旋，精确照准目标。

测水平角时，应使十字丝竖丝精确地照准目标，并尽量照准目标的底部，测竖直角时，应使十字丝的横丝（中丝）精确照准目标，如图 3.6 所示。

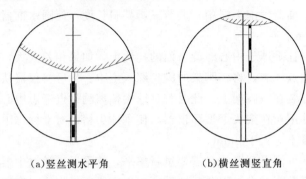

(a)竖丝测水平角   (b)横丝测竖直角

图 3.6 照准示意图

3.2.3.3 读数或置数

1. 读数

调节反光镜及读数显微镜目镜，使度盘与测微尺影像清晰，亮度适中，然后按前述的读数方法读数。

2. 置数

在水平角观测中，常常需要使某一方向的读数为一预定值，这项操作称为置数。

目前，经纬仪主要采用度盘变换手轮置数。其操作步骤为：盘左位置精确照准起始方向，转动度盘变换手轮，使水平度盘读数为预定读数。为防止观测时碰动度盘变换手轮，配置度盘后应及时扣上度盘变换手轮护盖。

3.3 水平角测量

常用的水平角的观测方法有测回法和全圆测回法。

3.3.1 测回法

测回法适用于观测两个方向的单角，是水平角观测的基本方法。如图 3.7 所示，测量 OA、OB 的水平角。

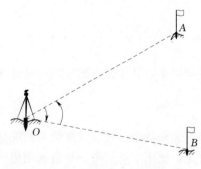

图 3.7 测回法示意图

1. 盘左位置（竖盘在望远镜左侧，又称正镜）

（1）照准左侧目标 A，对水平度盘置数，略大于 $0°$，将读数 $a_左$ 记入观测手簿（表 3.1）中。

（2）顺时针方向旋转照准部，照准右边目标 B，读取水平度盘读数 $b_左$ 记入手簿。

得上半测回角值：

$$\beta_左 = b_左 - a_左 \tag{3.3}$$

表 3.1　　　　　　　　　　　　　　　　测 回 法 观 测 记 录 表

测站	测回	竖盘位置	目标	度盘读数 /(° ′ ″)	半测回角值 /(° ′ ″)	一测回角值 /(° ′ ″)	各测回平均角值 /(° ′ ″)
O	1	左	A	0　00　06	85　35　42	85　35　39	85　35　40
			B	85　35　48			
		右	A	180　00　12	85　35　36		
			B	265　35　48			
	2	左	A	90　01　06	85　35　48	85　35　42	
			B	175　36　54			
		右	A	270　01　06	85　35　36		
			B	355　36　42			

2. 盘右位置（竖盘在望远镜且镜端的右侧，又称倒镜）

（1）先照准右边目标 B，读取水平度盘读数 $b_右$ 记入手簿。

（2）逆时针方向转动照准部，照准左边目标 A，读取水平度盘读数 $a_右$ 记入手簿。

得下半测回角值：

$$\beta_右 = b_右 - a_右 \tag{3.4}$$

盘左和盘右两个半测回合称为一测回。对于 DJ$_6$ 经纬仪，上、下两个半测回所测的水平角之差不应超过 $\pm 24''$。符合规定要求时，两个半测回角值的平均值就是一测回的观测结果，即

$$\beta = \frac{1}{2}(\beta_左 + \beta_右) \tag{3.5}$$

在记录计算中应注意：由于水平度盘是顺时针刻划和注记的，所以在计算水平角时，总是用右目标的读数减去左目标的读数，如果不够减，则应在右目标的读数上加上 360°，再减去左目标的读数。

为了提高测角精度，同时为削弱度盘分划误差的影响，对角度往往需要观测几个测回，各测回的观测方法相同，但起始方向（如图中的 A 方向）置数不同。设需要观测的测回数为 n，则各测回起始方向的置数应按 $180°/n$ 递增。但应注意，不论观测多少个测回，第一测回的置数均应当为 0° 或稍大于 0°。例如：当测回数 $n=4$ 时，各测回的起始方向的读数应等于或稍大于 0°、45°、90°、135°。各测回观测角值互差不应超过 $\pm 24''$，符合要求时，取各测回平均值作为最后结果。

3.3.2　全圆测回法

观测三个及三个以上的方向时，通常采用全圆测回法，也称方向观测法。

1. 观测方法

如图 3.8 所示，设在测站 O 上观测 A、B、C、D 各个方向之间的水平角，全圆测回法的操作步骤如下。

（1）将仪器安置于测站 O 上，对中、整平。

（2）选与 O 点相对较远、成像清晰的目标 A 作为零方向。

（3）盘左位置，照准目标 A，置于略大于 0° 的位置，读数并记入观测手簿（表 3.2）中。

（4）顺时针方向转动照准部，依次瞄准目标 B、C、D，读取相应的水平读数并记入

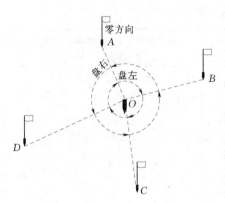

图 3.8 全圆测回法示意图

（5）为了检查观测过程中水平度盘是否变动，需要顺时针方向再次瞄准零方向 A 并读取水平度盘的读数，这一步骤称为"归零"。两次零方向读数之差称为半测回归零差。使用 DJ$_6$ 经纬仪观测，半测回归零差不应大于 18″。如果半测回归零差超限，应立即查明原因并重测。

以上步骤（3）～（5）为上半测回，上半测回的观测顺序为 $A{\rightarrow}B{\rightarrow}C{\rightarrow}D{\rightarrow}A$。

（6）倒转望远镜使仪器成盘右位置，逆时针转动照准部，照准零方向 A，读取读数并记入观测手簿中。

（7）逆时针方向转动照准部，依次照准目标 D、C、B，读取相应的读数并记入观测手簿中。

（8）再逆时针转动照准部照准零方向 A，读取水平度盘读数并计算归零差是否超限，其限差规定同上半测回。

以上步骤（6）～（7）为下半测回，下半测回的观测顺序为 $A{\rightarrow}D{\rightarrow}C{\rightarrow}B{\rightarrow}A$。

上、下半测回合称为一测回。

2. 记录和计算

全圆测回法观测记录表格见表 3.2。

表 3.2　　　　　　　　　　　全圆测回法观测记录表

| 测站 | 测回数 | 目标 | 水平度盘读数 | | 2C /(″) | 平均读数 /(° ′ ″) | 一测回归零 方向值 /(° ′ ″) | 各测回平均 方向值 /(° ′ ″) | 水平角值 /(° ′ ″) |
			盘左 /(° ′ ″)	盘右 /(° ′ ″)					
1	2	3	4	5	6	7	8	9	10
O	1	A	0 00 06	180 00 18	−12	(0 00 16) 0 00 12	0 00 00	0 00 00	
		B	81 54 06	261 54 00	+06	81 54 03	81 53 47	81 53 52	81 53 52
		C	153 32 48	333 32 48	0	153 32 48	153 32 32	153 32 32	71 38 40
		D	284 06 12	104 06 06	+06	284 06 09	284 05 53	284 06 00	130 33 28
		A	0 00 24	180 00 18	+06	0 00 21			
			Δ左 ＝＋18″	Δ左 ＝0″					
	2	A	90 00 12	270 00 24	−12	(90 00 21) 90 00 18	0 00 00		
		B	171 54 18	351 54 18	0	171 54 18	81 53 57		
		C	243 32 48	63 33 00	−12	243 32 54	153 32 33		
		D	14 06 24	194 06 30	−06	14 06 27	284 06 06		
		A	90 00 18	270 00 30	−12	90 00 24			
			Δ左 ＝＋6″	Δ左 ＝＋6″					

（1）记录顺序：盘左自上而下，盘右自下而上。

（2）计算 2C 值：2C 值即视准误差的两倍值。

$$2C＝L－(R±180°) \qquad (3.6)$$

2C 值本身为一常数。但实际观测中，由于观测误差的产生是不可避免的，各方向 2C 值不可能相等。同一测回中，2C 的最大值与最小值之差称为"2C 互差"。在进行水平角的测量时更多关注"2C 互差"。规范规定 J$_2$ 型仪器一测回 2C 互差绝对值不得大于 18″，对于 J$_6$ 型仪器则没有要求。

（3）计算半测回归零差：

$$\Delta＝零方向归零方向值－零方向起始方向值。$$

（4）计算各方向读数的平均值。取同一方向盘左读数与盘右读数±180°的平均值，作为该方向的平均读数。

$$平均读数＝\frac{左＋(右±180°)}{2} \qquad (3.7)$$

由于起始方向有两个平均读数，应再取其平均值，作为该方向的平均读数。该平均读数记在表 3.2 第 7 列的零方向上，用括号括上该数。

（5）归零方向值的计算。为了便于以后的计算和比较，把起始方向值改化成 0°00′00″，即把原来的方向值减去零方向括号内的值，公式如下。

$$归零方向值＝各方向平均读数－零方向平均读数 \qquad (3.8)$$

如果进行多个测回观测，同一方向的各测回观测得到的归零方向值理论上应该是相等，但实际会包含有误差，他们之间的差值称为"同一方向各测回归零值之差"。对于图根级，同一方向各测回归零值之差的较差应不大于 24″。

（6）各测回平均方向值的计算。当同一方向各测回归零方向值的较差满足限差的情况下，将各测回同一方向的归零方向值取平均值，则得到该方向各测回平均方向值。

（7）水平角计算。将组成该角的两个方向的方向值相减即可得水平角的角值。

3.4　竖　直　角　测　量

3.4.1　竖直度盘的构造及注记形式

竖盘固定在望远镜横轴的一端，垂直于横轴，竖盘随望远镜的上下转动而转动。读数指标线不随望远镜的转动而转动。为使读数指标线位于正确的位置，竖盘读数指标线与竖盘水准管固定在一起，由指标水准管微动螺旋控制。转动指标水准管微动螺旋使竖盘水准管气泡居中，指标线处于正确位置。通常情况下，视线水平时，竖盘读数为一个已知的固定值。

竖盘的注记常见的有两种。图 3.9（a）为逆时针注记度盘，该度盘当视线水平时，盘左读数为 0°，盘右读数为 180°；图 3.9（b）为顺时针注记度盘，该度盘当视线水平时，盘左读数为 90°，盘右读数为 270°。

3.4.2　竖直角计算公式的确定

竖直角的计算公式可以按下述方法确定。将望远镜放在大致水平的位置，观察视线水

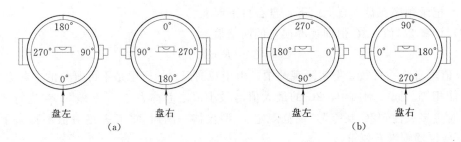

图 3.9　DJ$_6$ 经纬仪竖盘注记形式

平时的读数（0°、90°、180°、270°之一），然后逐渐上仰望远镜，观测竖盘读数是增加还是减少。若读数增加，则竖直角的计算公式为：

$$\alpha = 瞄准目标时的读数 - 视线水平时的读数$$

若读数减少，则

$$\alpha = 视线水平时的读数 - 瞄准目标时的读数$$

图 3.10（a）为盘左时视线水平及照准目标时的读数示意图，视线水平时读数为 90°，照准目标时读数为 L，那么盘左时竖直角 α 计算公式应为

$$\alpha_L = 90 - L = \alpha \tag{3.9}$$

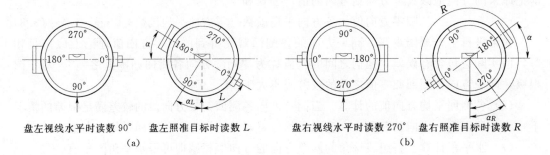

图 3.10　竖直角计算示意图

图 3.10（b）为盘右时视线水平及照准目标时的读数示意图，视线水平时读数为 270°，照准目标时读数为 R，那么盘右时竖直角 α 计算公式应为

$$\alpha_R = R - 270° = \alpha \tag{3.10}$$

那么取盘左、盘右的平均值可得到一测回竖直角。则

$$\alpha = \frac{1}{2}(\alpha_L + \alpha_R) \tag{3.11}$$

3.4.3　竖盘指标差

竖直角观测时，读数指标线如果处于正确位置上，视线水平时盘左读数为 90°，盘右读数为 270°，但实际上，读数指标线与正确位置总是偏离一个小角度 x，如图 3.11 所示，x 称为竖盘指标差。

由于有指标差的影响，从图 3.11（a）可得盘左时的竖直角计算公式为

$$\alpha_L = 90 - L + x \tag{3.12}$$

从图 3.11（b）可得盘右时的竖直角计算公式为

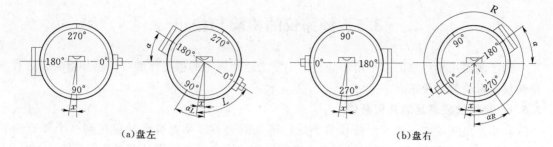

(a)盘左 　　　　　　　　　　　　　　　　　(b)盘右

图 3.11　指标差计算示意图

$$\alpha_R = R - 270° - x \tag{3.13}$$

将式（3.12）、式（3.13）两式相加除以2，得

$$\alpha = \frac{1}{2}(R - L - 180°) \tag{3.14}$$

将式（3.12）、式（3.13）两式相减得

$$x = \frac{1}{2}(L + R - 360°) \tag{3.15}$$

由式（3.14）可以看出，竖直角测量时，采用盘左、盘右观测取平均值可以消除竖盘指标差的影响。

3.4.4　竖直角的观测及手簿的记录与计算

如图 3.12 所示，用十字丝的中丝切准目标进行竖直角观测的方法。其操作步骤如下。

（1）在测站 A 安置仪器，以正镜中丝照准目标 B，调节指标水准管微动螺旋使气泡居中（或打开自动补偿器），读数、记录，即为上半测回。

（2）以倒镜中丝照准目标 B，调节指标水准管微动螺旋使气泡居中（或打开自动补偿器），读数、记录，即为下半测回。

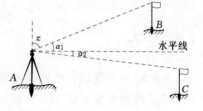

图 3.12　竖直角观测示意图

（3）根据竖直角计算公式计算盘左、盘右半测回竖直角值，计算指标差和一测回角值。记入表 3.3 中相应栏目中。

表 3.3　　　　　　　　　　竖 直 角 观 测 记 录 表

测站	目标	盘位	竖盘读数 /(° ′ ″)	半测回竖直角 /(° ′ ″)	指标差 /(″)	一测回角值 /(° ′ ″)	备注
A	B	盘左	73 17 24	+16 42 36	+3	+16 42 39	顺时针注记竖盘
		盘右	286 42 42	+16 42 42			
	C	盘左	94 25 00	−4 25 00	+6	−4 24 54	
		盘右	265 35 12	−4 24 48			

（4）限差要求：同一测回中，各方向指标差互差不超过 24″，同一方向各测回竖直角互差不超过 24″。

3.5 经纬仪的检验与校正

为了测得正确可靠的水平角和竖直角，使之达到规定的精度标准，作业开始前必须对经纬仪进行检验和校正。

3.5.1 经纬仪应满足的几何条件

在水平角测量中，要求经纬仪整平后，望远镜上下转动时视准轴应在同一个竖直面内。如图 3.13 所示，要达到上述要求，经纬仪各轴线之间必须满足下列几何条件。

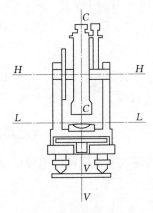

图 3.13 经纬仪应满足的几何条件

（1）照准部水准管轴垂直于竖轴（$LL \perp VV$）。

（2）十字丝竖丝垂直于横轴（竖丝 $\perp HH$）。

（3）视准轴垂直于横轴（$CC \perp HH$）。

（4）横轴垂直于竖轴（$HH \perp VV$）。

（5）竖盘指针差应接近于零。

3.5.2 经纬仪的检验与校正

在对仪器进行五项检验校正之前，应先对仪器进行一般检查，即检查一下度盘和照准部旋转是否平滑自如；各种螺旋和望远镜运转是否灵活有效；望远镜视场中有无灰尘或霉点；度盘和测微尺的分划线是否清晰；仪器附件是否齐全等。

3.5.2.1 照准部水准管轴垂直于竖轴

1. 检校目的

整置仪器后，保证竖轴与铅垂线方向一致，即水平度盘处于水平位置。

2. 检验方法

先概略整平仪器，使管水准器与任意两个脚螺旋的连线平行，旋转脚螺旋使气泡居中，然后将照准部旋转 $180°$，若气泡仍居中，表示条件满足，否则应校正。

3. 校正方法

用校正针拨动水准管校正螺丝，使气泡移回偏离值的一半，再用脚螺旋使气泡重新居中，此项检校必须反复进行，直到照准部转到任何位置后气泡偏离值不大于 1 格时为止。

3.5.2.2 十字丝竖丝垂直于横轴

1. 检校目的

使十字丝竖丝与视准面一致。

2. 检验方法

如图 3.14 所示，整平仪器，用十字丝竖丝一端照准一清晰小点 A，固定照准部和望远镜，转动望远镜微动螺旋，使目标点 A 沿竖丝慢慢移动，若点 A 不离开竖丝，则表示满足条件，否则应进行校正。图中点 A 移动到竖丝另一端时偏移至 A' 处。

3. 校正方法

如图 3.15 所示，打开十字丝环护罩，松开四个校正螺丝 E，轻轻转动十字丝环，使点 A 从 A' 处向竖丝移动偏离量的一半即可。此项需反复进行，直至上下转动望远镜时点

A 始终不离开竖丝为止。校正结束，应及时拧紧四个校正螺丝 *E*，并旋上护盖。

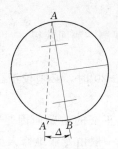　　

图 3.14　十字丝检验　　　　　　图 3.15　十字丝校正螺丝

3.5.2.3　视准轴垂直于横轴

1. 检校目的

使视准面成一铅垂面。

2. 检验方法

整平仪器，使望远镜大致水平，盘左照准远处一明显目标，固定照准部，精确照准，读取水平度盘读数，纵转望远镜成为盘右，照准同一目标，读取盘右读数，盘左、盘右同一方向两次读数差应为 180°，否则表示视准轴不垂直于横轴，其与 90°的偏离角一般用 *C* 表示。即

$$2C＝盘左读数－（盘右读数\pm180°）$$

若 2*C* 绝对值大于 2′，则应进行校正。

3. 校正方法

校正前先算出盘左、盘右的正确读数。

例如，检验时得到盘左读数为 32°24′36″，盘右读数为 212°21′24″，则

$$2C＝32°24′36″－（212°21′24″\pm180°）＝3′12″$$

则 *C*＝1′36″

得

$$盘左正确读数＝32°24′36″－1′36″＝32°23′00″$$
$$盘右正确读数＝212°21′24″＋1′36″＝212°23′00″$$

转动水平微动螺旋使度盘读数变换到正确读数，此时十字丝竖丝必定偏离目标，旋下十字丝护罩，旋转左右两个校正螺丝，使十字丝水平左右移动，直至精确照准目标，此项检校需反复进行。

3.5.2.4　横轴垂直于竖轴

1. 检校目的

整平仪器后，水平轴能处于水平位置。

2. 检验方法

如图 3.16 所示，在一面高墙上固定一个清晰的照准标志 *P*，在距墙面约 20m 处安置仪器，先盘左位置照准点 *P*（仰角宜大于 30°），固定照准部，然后使望远镜视准轴水平，在墙面上标出照准点 P_1；然后倒转望远镜，盘右再次照准 *P* 点，固定照准部，然后使望远镜视准轴水平，在墙面上标出照准点 P_2，则横轴误差的计算公式为

$$i = \frac{P_1 P_2}{2D \tan \alpha} \rho \tag{3.16}$$

式中　α——P 点的竖直角，通过对 P 点的竖直角观测一测回获得；

　　　D——测站至 P 点的水平距离。

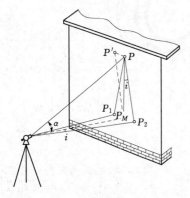

图 3.16　横轴的检验与校正

计算出来的 $i \geqslant 20''$ 时，必须校正。

3. 校正方法

横轴与竖轴不正交的主要原因是横轴两端支架不等高所致。此项校正一般由专业维修人员校正。

3.5.2.5　竖盘指标差应接近于零

由式（3.14）可知，在竖直角观测中，取盘左、盘右的平均值可以消除指标差的影响，但指标差的大小不能太大，比如在碎部测量中，只采用半测回，故应予以检验校正。

1. 检校目的

尽量使指标差接近于零。

2. 检校方法

仪器整平后，以盘左、盘右位置中丝照准近于水平的明显目标，读取竖盘读数 L 及 R（注意读数前一定使指标水准管气泡严密居中），并计算指标差 x，其绝对值超过 $1'$ 时应校正。

3. 校正方法

保持中丝照准目标，旋转指标水准管微动螺旋，使竖盘读数为 $R-x$ 或 $L-x$，此时指标水准管气泡必不居中。旋下指标水准管一端的护盖，用校正针拨动校正螺丝，使气泡居中。

此项检校需反复进行，直至 $x \leqslant 1'$ 为止。校正完成后应及时拧紧松开的校正螺丝并旋上护盖。

3.5.2.6　光学对中器的检验与校正

1. 检验方法

选择一平坦的地面并精确整平仪器，对光学对中器进行调焦，使对中器的分划板和地面影像均清晰。然后在脚架中央的地面上固定一张白纸，将对中器的分划板中心投影在白纸上；然后将照准部旋转 180°，再次将分划板中心投在白纸上，若两次投在白纸上的点位重合，说明条件满足，否则需校正。

2. 校正方法

校正时先在白纸上定出两投影点连线的中点，然后调整对中器使对中器中心对准中点。此项检校也应反复进行，直至条件满足为止。

3.6　角度测量的主要误差来源及消减方法

角度观测误差来源于仪器误差、观测误差和外界条件的影响三个方面。这些误差来源对角度观测精度的影响又各不相同。现将其几种主要误差来源介绍如下。

3.6.1　仪器误差

仪器误差主要包括仪器检校不完善和制造加工不完备引起的误差，主要有视准轴误差、横轴误差、竖轴误差等。

1. 视准轴误差

视准轴误差是由于视准轴不垂直横轴引起的水平方向读数误差。由于盘左、盘右观测时该误差的符号相反，因此可以采用盘左、盘右观测取平均值的方法消除。

2. 横轴误差

横轴误差是由于横轴与竖轴不垂直，当仪器整平后竖轴处于铅垂位置，而横轴不水平，则引起水平方向读数存在误差。由于盘左、盘右观测同一目标时的水平方向读数误差大小相等、方向相反。所以也可以采用盘左、盘右观测取平均值的方法消除。

3. 竖轴误差

竖轴误差是由于水准管轴不垂直竖轴，或水准管轴不水平而引起的误差。这种误差不能通过盘左盘右观测取中数的方法消除。只能通过校正尽量减少残存影响，还有观测前仔细整平仪器，在倾斜角 α 大的测站更要特别注意仪器整平，以削弱其影响。

4. 度盘偏心误差

如图 3.17 所示，经纬仪的照准部旋转中心 O_1 与水平度盘分划中心 O 理论上应该完全重合。但由于仪器误差的影响，实际上它们不会完全重合，存在照准部偏心误差。在盘左、盘右时，指标线在水平度盘上的读数具有对称性，因此，度盘偏心也可以用盘左、盘右的观测取平均值的方法加以消除。

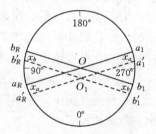

图 3.17　度盘偏心

5. 度盘刻划不均匀误差

由于仪器度盘刻划不均匀引起的方向读数误差，可以通过配置度盘各测回起始读数的方法，使读数均匀地分布在度盘各个区间而予以减小。

6. 竖盘指标差

由于竖盘指标水准管工作状态不正确，导致竖盘指标没有处在正确的位置，产生竖盘读数误差。通过校正仪器，理论上可使竖盘指标处于正确位置，但校正会存在残余误差。这种误差同样也可以用盘左、盘右观测取平均值的方法加以消除。

3.6.2　观测误差

1. 仪器对中误差

仪器对中误差是指仪器经过对中后，仪器竖轴没有与过测站点中心的铅垂线严密重合的误差（也称测站偏心误差）。它对水平角观测的影响，如图 3.18 所示，外业观测 $\angle ACB$，由于仪器对中不精确，而使仪器中心没有对准测站点 C 点，而偏于 C_0 点，所以观测得到的角度实际上是 $\angle AC_0B$，对中误差不可忽视，应注意严格对中。

设 $\angle ACB=\beta$，$\angle AC_0B=\beta'$，e 为偏心距。

则对中误差对水平角的影响为

$$\Delta\beta=\beta-\beta'=\delta_1+\delta_2$$

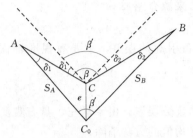

图 3.18 仪器对中误差

偏心距 e 相对于 S_A、S_B 来说很微小，所以 δ_1、δ_2 很小，所以可把 e 看成一段圆弧，则

$$\delta_1 = \frac{e}{S_A}\rho$$

$$\delta_2 = \frac{e}{S_B}\rho$$

$$\Delta\beta = \delta_1 + \delta_2 = e\rho\left(\frac{1}{S_A} + \frac{1}{S_B}\right) \qquad (3.17)$$

由式（3.17）可知，为了减小对中误差的影响，角的边长不宜过短，对中偏差不宜太大，当边短时，要特别注意对中。

2. 目标偏心误差

目标偏心误差是指照准点上竖立的花杆或旗杆不垂直或没有正确竖立在点位上，从而使观测方向偏离点位中心的误差。如图 3.19 所示。外业观测 OA 方向，但由于 A 点上的标杆没有竖直，在加上观测时照准标杆上部位置，致使实际上的照准方向是 OB 方向，所以观测的方向值与正确的方向值之间产生一个差值 δ，δ 就是目标偏心对角度测量的影响。

为了减小目标偏心误差的影响，标杆要尽量竖直，观测时应尽量照准标杆的底部，在边较短时，越要注意将标杆竖直并立在点位中心，标杆直径尽量小一些。

3. 照准误差和读数误差

在角度观测中，影响照准精度的因素有望远镜放大倍率、物镜孔径等仪器参数，人眼的判断能力，照准目标的形状、大小、颜色，衬托背景，目标影像的亮度和清晰度以及通视情况等，一般认为望远镜放大倍率和人眼的判断

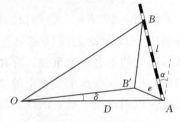

图 3.19 目标偏心误差

能力是影响照准精度的主要因素。目标亮度适宜，清晰度好，花杆粗细适中，双丝照准精度会略高一些。

读数误差主要取决于仪器读数设备，一般以仪器最小估读数作为读数误差的极限，对于 DJ$_6$ 级经纬仪，其读数误差的极限为 $6''$。如果照明情况不佳或显微目镜调焦不好以及观测者技术不熟练，其读数误差将会超过 $6''$，但一般不大于 $20''$。

3.6.3　外界条件的影响

外界条件的影响主要指各种外界条件的变化对角度观测精度的影响。如大风影响仪器稳定；大气透明度影响照准精度；空气温度变化，太阳的直接暴晒，地面辐射热会引起空气剧烈波动，使目标影像变得模糊甚至飘移；视线贴近地面或通过建筑物旁、接近水面的空间等还会产生不规则的折光；地面坚实与否影响仪器的稳定等等。这些影响是极其复杂的，要想完全避免是不可能，但大多数与时间有关。因此，在角度观测时应注意选择有利的观测时间，操作要轻稳，尽量缩短观测时间，尽可能避开不利条件等，以减少外界条件变化的影响。

第4章　距离测量和直线定向

【学习内容及教学目标】

通过本章学习，掌握钢尺量距的一般丈量方法；掌握视距测量的方法；了解光电测距原理；理解方位角和象限角的概念；掌握方位角与象限角之间的转换；掌握坐标正、反算的方法；了解全站仪的常规测量。

【能力培养要求】

(1) 具有利用仪器完成距离测量并进行相关计算和精度评定的能力。

(2) 具有坐标正、反算能力。

4.1　钢　尺　量　距

距离是指地面上两点沿铅垂线方向投影到大地水准面上的弧长。在半径 10km 的范围内，地球曲率对距离的影响很小，因此可以用水平面代替水准面。那么，地面上两点沿铅垂线方向投影到水平面上的长度就称为水平距离，简称距离。

距离测量就是量测两点间的水平距离，常用方法有钢尺量距、视距测量、光电测距。本节主要介绍钢尺量距。

4.1.1　钢尺量距的工具

4.1.1.1　丈量用尺

1. 钢卷尺

如图 4.1 所示，钢卷尺是用薄钢片制成带状尺，长度有 20m、30m、50m 等几种。钢卷尺的基本分划有厘米或毫米，在厘米、分米及米处注有数字注记。

钢尺的零分划位置有两种形式：一种是零点位于尺的最外端（拉环的外缘），这种尺子称为端点尺，另一种是零分划线靠近尺端的某一位置，这种尺称为刻线尺，如图 4.3 所示。

图 4.1　钢卷尺

2. 皮卷尺

在精度要求不高的距离丈量中，常用皮尺来量距。如图 4.2 所示，皮尺又称布卷尺，是用麻纱或化纤与金属丝混织成的带状尺。长度有 20m、30m 和 50m 等几种。尺上基本分划为厘米，尺面每分米和整米处有数字注记，皮尺一般卷放在盒内，大多属于端点尺。

4.1.1.2　其他辅助工具

测钎：如图 4.4 所示，用于标定所量尺段的起止点。通常在量距的过程，两个目标点之间的距离会大于钢尺的最大长度，所以要分段进行量距，那么每一段就用测钎来标定。

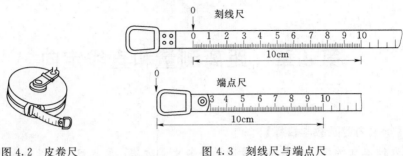

图 4.2　皮卷尺　　　　　图 4.3　刻线尺与端点尺

花杆：如图 4.5 所示，直径约 3cm，长 2～3m，杆身用油漆涂成红白相间，每节 20cm。在距离丈量中，花杆主要用于直线定线。

垂球：如图 4.6 所示，用于在不平坦地面丈量时将钢尺的端点垂直投影到地面。因为用钢尺量距量取的是水平距离，如果地面不平坦，则需抬平钢尺进行丈量，此时可用垂球来投点。

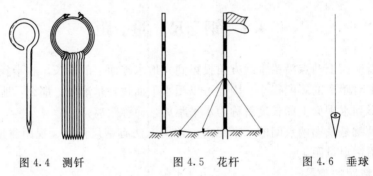

图 4.4　测钎　　　　　图 4.5　花杆　　　　　图 4.6　垂球

弹簧秤：用于对钢尺施加规定的拉力。

温度计：用于测定钢尺量距时的温度，以便对钢尺丈量的距离施加温度改正。

4.1.2　直线定线

地面上两点之间距离较远时，用卷尺一次不能量完，这时需要分段丈量，分段丈量时需要在地面标定该直线上的若干点，这项工作叫做直线定线。直线定线的方法包括目测定线和经纬仪定线。

1. 目测定线

如图 4.7 所示，设 A、B 两点互相通视，要在 A、B 两点的直线上标出分段点 1 点。

先在 A、B 点上竖立花杆，测量员甲站在 A 点标杆后约 1m 处，观测 A、B 杆同侧，构成视线，指挥乙左右移动花杆，直到甲从 A 点沿花杆的同一侧看到 A、1、B 三支花杆成一条线为止。

同法可定出直线上的其他点。两点间定线，一般应由远到近。

定线时，乙所持标杆应竖直，利用食

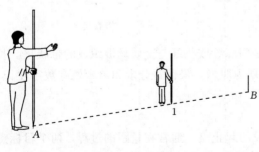

图 4.7　目测定线

指和拇指夹住标杆的上部，稍微提起，利用
重心使标杆自然竖直。此外，为了不挡住甲
的视线，乙应持标杆站立在直线方向的左侧
或右侧。

2. 经纬仪定线

如图 4.8 所示。设 A、B 两点互相通
视，将经纬仪安置在 A 点，用望远镜纵丝
照准 B 点，制动照准部，望远镜上下转动，

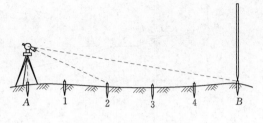

图 4.8　经纬仪定线

指挥在两点间某一点上的测量员，左右移动花杆，直至花杆影像被纵丝平分。为减小照准
误差，精密定线时，可以用直径更细的测钎或垂球线代替花杆。

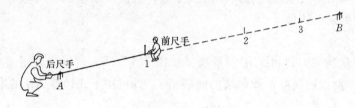

图 4.9　平地量距

4.1.3　钢尺量距的一般方法

4.1.3.1　平坦地面的距离丈量

沿平坦的地面量距时，可先用目测定线，也可边定线边丈量。如图 4.9 所示，欲测
A、B 两点之间的水平距离 D，其丈量工作可由后尺手、前尺手两人进行。后尺手将钢尺
零刻划线对准 A 点。前尺手持钢尺末端，后尺手以手势指挥前尺手将钢尺拉在 AB 直线
上，待钢尺拉平、拉紧、拉稳后，前尺手在末段刻线处竖直地插下一根测钎，得 1 点，也
就是第一个整尺段距离。二人持尺前进，待后尺手到达 1 点时，再用同样方法丈量第二段
后，每量完一段，都由后尺手收取一根测钎，因此，后尺手手中的测钎数为所量整尺段
数。最后不足一整尺段的长度称为余长，用 q 表示，则 A、B 两点间的水平距离 D 为

$$D = nl + q \tag{4.1}$$

式中　n——整尺段数；

　　　l——钢尺长度；

　　　q——余长。

往测结束之后，还需要进行返测，返测从 B 点开始，量至 A 点，返测操作程序与往
测相同，但必须从 B 点开始重新定线进行丈量。

4.1.3.2　倾斜地面的距离丈量

1. 平量法

当地势起伏不大时可采用平量法。如图 4.10（a）所示，丈量由 A 点向 B 点进行，将
钢尺零点对准 A 点，钢尺拉平，用垂球将钢尺的某一分划投影到地面上，插上测钎，得
到 1 点，并记下分划读数 l_1，然后将钢尺零点对准 1 点，按同样方式丈量 l_2，得到 2 点，
依此类推，量至 B 点。

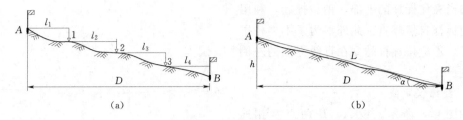

图 4.10　斜坡量距

则 AB 的平距 D 为

$$D=l_1+l_2+\cdots+l_n \tag{4.2}$$

平量法量距应沿高点至低点方向作两次丈量，当两次丈量的相对较差不大于 1/1000 时，取平均值作为最后结果。

2. 斜量法

当量距的坡度均匀时，可采用斜量法。如图 4.10（b）所示，即沿着斜坡量取斜距 L，同时测定 AB 两点的高差 h 或斜坡的倾斜角 α，即可按下式计算 AB 的平距 D。

$$D=\sqrt{L^2-h^2} \tag{4.3}$$

$$D=L \cdot \cos\alpha \tag{4.4}$$

4.1.4　钢尺量距的数据处理及精度评定

对某段距离进行往返丈量之后，需对测量数据进行处理，数据处理主要涉及的内容是往返较差、相对误差及往返测平均值的计算。

1. 往返较差的计算

理论上，往测平距 $D_{往}$ 与返测平距 $D_{返}$ 应该相等，但是由于测量存在误差，它们总是不相等，而存在一个差值，这个差值就是往返较差

$$\Delta=D_{往}-D_{返} \tag{4.5}$$

2. 相对误差的计算

往返较差的大小可以作为评定精度的一个基本指标，但并不严谨。

例如，往返丈量 AB 和 CD 两段距离。AB：往测为 1200.073m，返测为 1200.253m。CD：往测为 900.346m，返测为 900.526m。

则 AB、CD 往返较差为

$$\Delta_{AB}=D_{往}-D_{返}=1200.073-1200.253=-0.180(\text{m})$$

$$\Delta_{CD}=D_{往}-D_{返}=900.346-900.526=-0.180(\text{m})$$

观测值的往返较差都为 -0.180m，虽然两者的往返较差相同，但很明显，针对于单位长度的精度，两者并不相同，因此，需采用另一种衡量精度的标准，相对误差 k 来衡量。

相对误差 k 就是往返较差与观测值之比。一般采用分子为 1 的形式进行表示。

$$k=\frac{|\Delta|}{(D_{往}+D_{返})/2}=\frac{1}{\dfrac{(D_{往}+D_{返})/2}{|\Delta|}} \tag{4.6}$$

所以，AB、CD 两段距离的相对误差分别为

$$k_{AB} = \frac{1}{\frac{(D_{往} + D_{返})/2}{|\Delta|}} = \frac{1}{\frac{(1200.073 + 1200.253)/2}{|-0.180|}} = \frac{1}{6667}$$

$$k_{CD} = \frac{1}{\frac{(D_{往} + D_{返})/2}{|\Delta|}} = \frac{1}{\frac{(900.346 + 900.526)/2}{|-0.180|}} = \frac{1}{5002}$$

从上式可见，$k_{AB} < k_{CD}$，所以，AB 的丈量精度比 CD 高。

3. 往返测平均值的计算

通过往返较差及相对误差的计算，如果观测成果符合限差要求，平坦地面一般量距的相对误差不得低于 1/2000，就可取其往返测平均值作为观测的结果。则

$$D = \frac{D_{往} + D_{返}}{2} \tag{4.7}$$

4.1.5 钢尺量距的误差分析及注意事项

4.1.5.1 钢尺量距的误差分析

钢尺量距的主要误差来源有下列几种。

1. 尺长误差

如果钢尺的名义长度和实际长度不符，则产生尺长误差。尺长误差是累积的，丈量的距离越长，误差越大。因此新购置的钢尺必须经过检定，测出其尺长改正值。

2. 温度误差

钢尺的长度随温度而变化，当丈量时的温度与钢尺检定时的标准温度不一致时，将产生温度误差。

3. 钢尺倾斜和垂曲误差

在高低不平的地面上采用钢尺水平法量距时，钢尺不水平或中间下垂而成曲线时，都会使量得的长度比实际要大。因此丈量时必须注意钢尺水平，整尺段悬空时，中间应打托桩托住钢尺，否则会产生不容忽视的垂曲误差。

4. 定线误差

丈量时钢尺没有准确地放在所量距离的直线方向上，使所量距离不是直线而是一组折线，造成丈量结果偏大，这种误差称为定线误差。丈量 30m 的距离，当偏差为 0.25m 时，量距偏大 1mm。

5. 拉力误差

钢尺在丈量时所受拉力应与检定时的拉力相同。若拉力变化 2.6kg，尺长将改变 1mm。

6. 丈量误差

丈量时在地面上标志尺端点位置处插测钎不准，前、后尺手配合不佳，余长读数不准等都会引起丈量误差，这种误差对丈量结果的影响可正可负，大小不定。在丈量中要尽力做到对点准确，配合协调。

4.1.5.2 钢尺的维护

(1) 钢尺易生锈，丈量结束后应用软布擦去尺上的泥和水，涂上机油以防生锈。

(2) 钢尺易折断，如果钢尺出现卷曲，切不可用力硬拉。

（3）丈量时，钢尺末端的持尺员应该用尺夹夹住钢尺后，手握紧尺夹加力，没有尺夹时，可以用布或者纱手套包住钢尺代替尺夹，切不可手握尺盘或尺架加力，以免将钢尺拖出。

（4）在行人和车辆较多的地区量距时，中间要有专人保护，以防止钢尺被车辆碾压而折断。

（5）不准将钢尺沿地面拖拉，以免磨损尺面分划。

（6）收卷钢尺时，应按顺时针方向转动钢尺摇柄，切不可逆转，以免折断钢尺。

4.2　视　距　测　量

视距测量是一种间接测距方法。它是利用望远镜内的视距装置（例如十字丝分划板上的视距丝）和视距尺（例如水准尺）配合，根据几何光学原理测定距离和高差的方法。

视距测量的优点是，操作方便、观测快捷，一般不受地形影响。其缺点是，测量视距和高差的精度较低，测距相对误差约为 1/300～1/200。所以只能用于精度要求不高的距离测量中。尽管视距测量的精度较低，但还是能满足测量地形图碎部点的要求，所以在测绘地形图时，常采用视距测量的方法测量距离和高差。

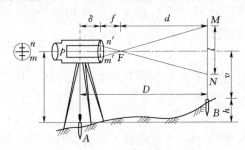

图 4.11　视线水平时视距测量原理

4.2.1　视距测量原理

4.2.1.1　视线水平时的距离与高差公式

1. 水平距离公式

如图 4.11 所示，在 A 点上安置经纬仪，B 点处竖立标尺，使望远镜视线水平，瞄准 B 点标尺，此时视线垂直于标尺。尺上 M、N 点成像在视距丝上的 m、n 处，MN 的长度可由上、下视距丝读数之差求得。上、下视距丝读数之差称为尺间隔。

图 4.11 中，l 为尺间隔；p 为视距丝间距；f 为物镜焦距；δ 为物镜至仪器中心的距离。由相似三角形 MNF 与 m'n'F 可得

$$\frac{d}{f} = \frac{l}{p}$$

则

$$d = \frac{f}{p}l$$

由图可知

$$D = d + f + \delta$$

则

$$D = \frac{f}{p}l + f + \delta$$

设

$$\frac{f}{p}=K, f+\delta=C$$

则

$$D=Kl+C \tag{4.8}$$

式中 K——视距乘常数；

C——视距加常数。

目前使用的内对光望远镜的视距常数，设计时已使 $K=100$，C 接近于零，因此视线水平时的视距计算公式为

$$D=Kl=100l \tag{4.9}$$

2. 高差公式

如图 4.11 所示，i 为仪器高，是地面标志到仪器望远镜中心线的高度，可用尺子量取；v 为十字丝中丝在标尺上的读数，称为目标高；h 为 A、B 两点间的高差。则

$$h=i-v \tag{4.10}$$

4.2.1.2 视线倾斜时的距离与高差公式

1. 水平距离公式

如图 4.12 所示，当地面起伏较大或通视条件较差时，必须使视线倾斜才能读取尺间隔。这时视距尺仍是竖直的，但视线与尺面不垂直。

仪器上丝在尺上的读数为 M，下丝在尺上的读数为 N。设

$$MN=l$$

假设有一个虚拟的标尺与视线垂直，仪器上丝在虚拟尺上的读数为 M'，下丝在尺上的读数为 N'。设

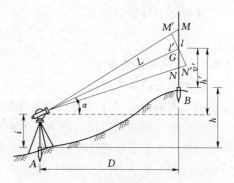

图 4.12 视线倾斜时视距测量原理

$$M'N'=l'$$

由于上下丝视线所夹的角度很小，可以将 $\angle GM'M$ 和 $\angle GN'N$ 近似地看成直角，且

$$\angle MGM'=\alpha$$
$$\angle NGN'=\alpha$$

由于

$$M'N'=M'G+GN'$$
$$=MG\cdot\cos\alpha+GN\cdot\cos\alpha$$
$$=(MG+GN)\cdot\cos\alpha$$
$$=l\cdot\cos\alpha$$

即

$$l'=l\cdot\cos\alpha$$

由视线水平时的视距公式可得

$$L=Kl'=Kl\cos\alpha$$

而

$$D = L \cdot \cos\alpha$$

则

$$D = K \cdot l \cdot \cos^2\alpha \tag{4.11}$$

式中　D——水平距离，m；

　　　K——乘常数；

　　　l——视距间隔；

　　　α——竖直角。

2. 高差公式

如图 4.12 所示，A、B 两点的高差 h 为

$$h = h' + i - v$$

由图 4.12 可以看出

$$h' = D \cdot \tan\alpha$$

故得高差计算公式为

$$h = D \cdot \tan\alpha + i - v \tag{4.12}$$

4.2.2　视距测量的方法

视距测量的方法如图 4.12 所示。

(1) 在测站点 A 上安置仪器，量取仪器高 i（量至厘米）。在 B 点上立视距尺。

(2) 盘左照准视距尺，读取下、上丝读数（取位至毫米）求出视距间隔 l，或将上丝瞄准某整分米处下丝直接读出视距 Kl 之值。

(3) 调节竖盘指标水准管气泡居中，读取标尺上的中丝读数 v（取位至厘米）和竖盘读数 L。

(4) 计算。

1) 尺间隔：$l=$下丝读数－上丝读数（倒像）、$l=$上丝读数－下丝读数（正像）。

2) 视距：$K \cdot l = 100 \cdot l$

3) 竖直角：$\alpha = 90° - L$

4) 水平距离：$D = K \cdot l \cdot \cos^2\alpha$

5) 高差：$h = D \cdot \tan\alpha + i - v$

6) 测点高程：$H_B = H_A + h$

记录与计算列于表 4.1。

表 4.1　　　　　　　　　　视距测量记录、计算手簿

测站：A　　　测站高程：$H_A = 1000.254$m　　　仪器高：1.45m　　　指标差：$x = 0$

点号	上丝读数 /m	下丝读数 /m	中丝读数 /m	Kl /m	竖盘读数 /(° ′ ″)	竖直角 /(° ′ ″)	平距 /m	高差 /m	高程 /m
B	1.708	1.120	1.453	58.8	84 21 30	5 38 30	58.23	5.75	1006.00
C	1.245	0.995	1.120	25.0	86 34 54	3 25 06	24.91	1.82	1002.07
D	1.768	1.242	1.505	52.6	93 03 48	−3 03 48	52.45	−2.81	997.45

4.2.3 视距测量误差分析

1. 仪器误差

主要包括视距尺分划误差、乘常数 K 不准确的误差等。为消除其影响，观测时使用检校合格的仪器。

2. 人为因素

主要包括读数误差、照准误差等，观测时注意消除视差、认真读数以减弱其影响。

3. 外界条件的影响

外界条件中不少因素对视距产生影响，如大气的竖直折光，使视线产生弯曲，特别是靠近地面，折光影响显著，所以视线应离开地面一定的高度。另外还有温度的变化，会使 K 值发生变化。风力较大时尺子抖动或扶得不直，都直接影响到视距测量的精度。

从以上分析知道，影响视距测量精度的因素是多方面的，我们只要选择较精确的仪器，工具和在良好条件下进行测量，相对精度可以达到 $1/300 \sim 1/200$。

4.2.4 计算器中角度的输入与输出

在用计算器进行含有角度的计算时，经常需要输入或输出带"度、分、秒"的角度值。检查计算器屏幕上是否有"DEG"字符，如果有就说明计算器处于我国常用的 $360°$ 制；如没有，请反复按 DRG 键使"DEG"字符出现。

常见的具有角度输入功能的计算器有两种：

(1) 键盘上有 $°'''$ 键或 DMS 键的计算器。可直接输入"度、分、秒"，例如输入 $276°36'48''$ 的操作是：276 $\boxed{°'''}$ 36 $\boxed{°'''}$ 48 $\boxed{°'''}$。

(2) 键盘上有 $\boxed{\text{DEG}}$ 键的计算器。可把角度值由"度、分、秒"转换为"度"，例如输入 $276°36'48''$ 的操作是：276.3648 $\boxed{\text{DEG}}$，屏幕上显示结果"276.613333"$(°)$，注意输入时在整度数后键入小数点，分和秒一定是两位数，不足两位的用"0"补足。例如，计算 $\cos 168°7'8''$ 的操作是：276.0708DEG cos；计算 $58°43'54'' + 95°33'26''$ 的操作是：58.4354DEG+95.3326DEG。

4.3 光 电 测 距

4.3.1 电磁波测距技术发展简介

前面述及的测距方法中，钢尺量距的速度慢、效率低，而且在山地、沼泽地区使用困难，视距测量的相对误差只能达到 $1/300 \sim 1/200$，精度太低，因此人们需要采用另外的方法进行距离测量。

随着电子技术的发展，在 20 世纪 40 年代末人们发明了电磁波测距仪。所谓电磁波测距是用电磁波（光波或微波）作为载波，传输测距信号，以测量两点间距离的一种方法。电磁波测距具有测程长、精度高、作业快、工作强度低、不受地形限制等优点。

1948 年，瑞典 AGA 公司研制成功了世界上第一台电磁波测距仪。1967 年 AGA 公司推出了世界上第一台激光测距仪 AGA－8，白天测程为 40km，夜间测程达 60km，测距精度可达到 5mm＋1ppm，主机重量 23kg。

我国的武汉地震大队也于 1969 年研制成功了 JCY-1 型激光测距仪，1974 年又研制并生产了 JCY-2 型激光测距仪。白天测程为 20km，测距精度 5mm＋1ppm，主机重量 16.3kg。

4.3.2　电磁波测距仪的分类和分级

1. 电磁波测距仪的分类

（1）按测量信号往返传播时间的方法不同，可分为脉冲式测距仪和相位式测距仪。

（2）按测距仪载波源的不同，可分为激光测距仪、红外测距仪、微波测距仪。

（3）按照测程的长短不同，可分为短程测距仪、中程测距仪、远程测距仪。一般认为，测程在 3km 以内的为短程测距仪，测程在 3～15km 范围内的为中程测距仪，测程在 15km 以上的为远程测距仪。

微波和激光测距仪多属于远程测距仪，测程可达 60km，一般用于大地测量；而红外测距仪一般属于中、短程测距仪，用于小地区控制测量、地形测量、地籍测量和工程测量中。

2. 电磁波测距仪的分级

测距仪按测距精度进行分级，测距仪可分为 Ⅰ、Ⅱ、Ⅲ、Ⅳ 四个等级。

测距仪的测距中误差按下式表示

$$m_D = \pm(a + bD)$$

式中　a——固定误差，mm；

　　　b——比例误差系数，mm/km；

　　　D——两点间的距离，km。

《中短程光电测距规范》（GB/T 16818—2008）规定测距仪的分级标准，如表 4.2 所示。

表 4.2　　　　　　　　　　　　　　　测距仪的精度分级

精度等级	测距标准偏差 m_D
Ⅰ	$m_D \leqslant (1 + D)$ mm
Ⅱ	$(1 + D)$ mm $< m_D \leqslant (3 + 2D)$ mm
Ⅲ	$(3 + 2D)$ mm $< m_D \leqslant (5 + 5D)$ mm
Ⅳ（等外级）	$(5 + 5D)$ mm $< m_D$

注　D 为测量距离，单位为千米（km）。

4.3.3　光电测距的基本原理

如图 4.13（a）所示，欲测定 A、B 两点间的距离 D，安置仪器于 A 点，安置反射棱镜于 B 点。仪器发射的光束由 A 至 B，经反射棱镜反射后又返回到仪器。设光速 c 为已知，如果光束在待测距离 D 上往返传播的时间 t_{2D} 已知，则距离 D 可由式（4.13）求出

$$D = \frac{1}{2} c t_{2D} \tag{4.13}$$

式中　D——AB 两点的距离；

c——电磁波在大气中的传播速度；

t_{2D}——电磁波往返传播所经历的时间。

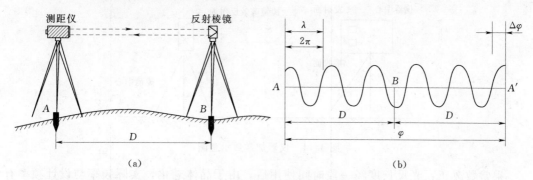

图 4.13　脉冲式测距和相位式测距

测定距离的精度，主要取决于测定时间 t 的精度，光电测距仪根据测定时间 t_{2D} 方式分为下列两种。

1. 脉冲式测距

由脉冲测距仪的发射系统发出光脉冲，经被测目标反射后，再由测距仪的接收系统接收，测出这一光脉冲往返所需时间间隔的钟脉冲的个数以求得距离 D，如图4.13（a）所示。由于计数器的频率一般为 $300\mathrm{MHz}(300\times10^6\mathrm{Hz})$，测距精度为 0.5m，精度较低。

2. 相位式测距

由测距仪的发射系统发出一种连续的调制光波，测出该调制光波在测线上往返传播所产生的相位移，以测定距离 D，如图 4.13（b）所示。红外光电测距仪一般都采用相位测距法。

在砷化镓（GaAs）发光二极管上加了频率为 f 的交变电压（即注入交变电流）后，它发出的光强就随注入的交变电流呈正弦变化，这种光称为调制光。测距仪在 A 点发出的调制光在待测距离上传播，经反射镜反射后被接收器所接收，然后用相位计将发射信号与接受信号进行相位比较，由显示器显出调制光在待测距离往、返传播所引起的相位移 φ。随着光电技术的发展，以电磁波（光波或微波）作为载波传输测距信号测量两点间距离的光电测距技术已成为距离测量的主要手段。电磁波测距仪测距具有工作轻便、测距精度高、测程远、作业效率高和不受地形影响等优点。

4.3.4 测距边长改正计算

测距仪测距的过程中，由于受到仪器本身的系统误差以及外界环境影响，会造成测距精度的下降。为了提高测距的精度，我们需要对测距的结果进行改正，可以分为三种类型的改正：仪器常数改正、气象改正和倾斜改正。

1. 仪器常数改正

仪器常数包括加常数和乘常数。

如图 4.14 所示，加常数产生的原因是由于仪器的发射面和接收面与仪器中心不一致，反光棱镜的等效反射面与反光棱镜的中心不一致，使得测距仪测出的距离值与实际距离值不一致。因此，测距仪测出的距离还要加上一个加常数 K 进行改正。

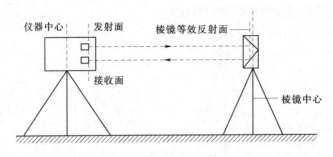

图 4.14　仪器加常数示意图

乘常数改正：光尺长度经一段时间使用后，由于晶体老化，实际频率与设计频率有偏移，使测量成果存在着随距离变化的系统误差，其比例因子称乘常数 R。光尺长度变化对距离的影响是成比例的影响。所以测距仪测出的距离还要乘上一个乘常数 R 进行改正。

对于加常数和乘常数，我们在测距前先进行检定。目前的测距仪都具有设置常数的功能，我们将加常数和乘常数预先设置在仪器中，然后在测距的时候仪器会自动改正。

2. 气象改正

测距仪的测尺长度是在一定的气象条件下推算出来的。但是仪器在野外测量时的气象条件与标准气象不一致，使测距值产生系统误差，所以在测距时应该同时测定环境温度和气压，然后利用厂家提供的气象改正公式计算改正值，或者根据厂家提供的对照表查找对应的改正值。也可以将气压和温度输入到仪器中，由仪器自动改正。

3. 倾斜改正

测距仪测得的是斜距，因此将斜距换算成平距时还要进行倾斜改正。

4.4　直　线　定　向

确定地面两点在平面上的位置，不仅需要测量两点间的距离，还要确定两点间直线的方向，因此要进行直线定向的工作。确定地面直线与基准方向之间的水平夹角称为直线定向。

4.4.1　基准方向及其关系

1. 真子午线方向

通过地面上一点指向地球南北极的方向线就是该点的真子午线。地面点的真子午线的切线方向即为该点的真子午线方向。真子午线切线北端所指的方向为正北方向，它可以用天文测量或陀螺经纬仪测定。

2. 磁子午线方向

在地球磁场作用下，地面某点上的磁针自由静止时其轴线所指的方向，称为该点的磁子午线方向。磁针北端所指的方向为磁北方向，可用罗盘仪测定。

3. 坐标纵轴方向

平面直角坐标系中的纵轴方向，坐标纵轴北端所指的方向为坐标北方向。在高斯平面直角坐标系中，其每一投影带中央子午线的投影为坐标纵轴方向。

上述三种基本方向总称为"三北方向"，在一般情况下，"三北方向"是不一致的，如图 4.15 所示。

由于地球的南、北极与地球磁南、北极不重合，因此，地面上某点的真子午线方向和磁子午线方向之间有一夹角，这个夹角称为磁偏角，以 δ 表示。当磁子午线北端在真子午线以东者称东偏，δ 取正值；在真子午线以西者则称西偏，δ 取负值，如图 4.16 所示。

地面上各点的磁偏角不是一个定值，它随地理位置不同而异。我国西北地区磁偏角为 $+6°$左右，东北地区磁偏角则为 $-10°$左右。此外，即使在同一地点，时间不同磁偏角也有差异。

地面某点的真子午线方向与坐标纵轴方向之间的夹角，称为子午线收敛角，以 γ 表示。坐标纵轴北端在真子午线以东，γ 取正值；以西，γ 取负值，如图 4.17 所示。

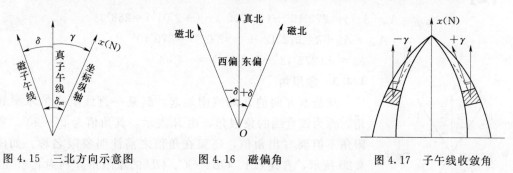

图 4.15 三北方向示意图　　　图 4.16 磁偏角　　　图 4.17 子午线收敛角

在普通测量中，地面上某点的子午线收敛角可按下面近似公式计算：

$$\gamma = \Delta\lambda\sin\varphi \tag{4.14}$$

式中　γ——子午线收敛角；

　　　$\Delta\lambda$——地面点经度与其所在的高斯投影带的中央子午线经度之差；

　　　φ——地面点的纬度。

如图 4.15 所示，地面上某点的坐标纵轴方向与磁子午线方向间的夹角称为磁坐偏角，以 δ_m 表示。磁子午线北端在坐标纵轴以东者，δ_m 取正值；反之，δ_m 取负值。

4.4.2 方位角

以基准方向的北端起，顺时针旋转至某直线的夹角，称为方位角。通常用方位角来表示直线的方向。其取值范围 $0°\sim360°$。如图 4.18 所示，直线 OA、OB、OC、OD 的方位角分别为 $30°$、$150°$、$210°$、$330°$。根据基本方向的不同，方位角可分为：以真子午线方向为基准方向的，称为真方位角，用 A 表示；以磁子午线方向为基准方向的，称为磁方位角，用 A_m 表示；以坐标纵轴为基准方向的，称为坐标方位角，用 α 表示。

如图 4.19 所示，三种方位角之间的关系为

$$A = A_m + \delta \tag{4.15}$$

$$A = \alpha + \gamma \tag{4.16}$$

$$\alpha = A_m + \delta - \gamma \tag{4.17}$$

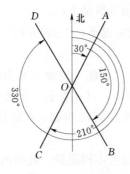

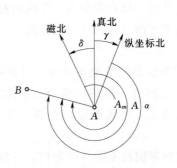

图 4.18　方位角　　　　　图 4.19　三种方位角的关系

【例 4.1】 已知直线 AB 的磁方位角 $A_m = 272°12'$，A 点的磁偏角 $\delta = -2°02'$，子午线收敛角 $\gamma = +2°01'$，求直线 AB 的坐标方位角、真方位角和 A 点的磁坐偏角各为多少？

【解】

$$\alpha_{AB} = A_m + \delta - \gamma = 272°12' + (-2°02') - (+2°01') = 268°09'$$

$$A_{AB} = A_m + \delta = 272°12' + (-2°02') = 270°10'$$

$$\delta_m = -(272°12' - 268°09') = -4°03'$$

4.4.3　象限角

图 4.20　象限角

从基本方向的北端或南端起，到某一直线所夹的水平锐角，称为该直线的象限角，用 R 表示，其角值为 $0°\sim90°$。象限角不但要写出角值，还要在角值之前注明象限名称。如图 4.20 所示，直线 OA、OB、OC、OD 的象限角分别为北东 $30°$ 或 $NE30°$、南东 $30°$ 或 $SE30°$、南西 $30°$ 或 $SW30°$、北西 $30°$ 或 $NW30°$。

象限角和方位角一样，可分为真象限角、磁象限角和坐标象限角三种。但一般所说的象限角特指坐标象限角。

4.4.4　方位角与象限角的关系

方位角与象限角之间的互换关系见表 4.3。

表 4.3　　　　方位角与象限角之间的互换关系

象 限		根据方位角 α 求象限角 R	根据象限角 R 求方位角 α
编号	名称		
I	北东（NE）	$R = \alpha$	$\alpha = R$
II	南东（SE）	$R = 180° - \alpha$	$\alpha = 180° - R$
III	南西（SW）	$R = \alpha - 180°$	$\alpha = 180° + R$
IV	北西（NW）	$R = 360° - \alpha$	$\alpha = 360° - R$

4.4.5　坐标方位角的推算

1. 正、反坐标方位角

在测量工作中，把直线的前进方向叫正方向，反之，称为反方向。如图 4.21 所示，

A 为直线起点，B 为直线终点，AB 直线的坐标方位角 α_{AB} 称为直线的正坐标方位角，而 BA 直线的坐标方位角 α_{BA} 称为反坐标方位角。正、反坐标方位角的概念是相对的。

由于任何地点的坐标纵轴都是平行的，因此，所有直线的正坐标方位角和它的反坐标方位角均相差 $180°$，即

$$\alpha_{正}＝\alpha_{反}\pm180° \tag{4.18}$$

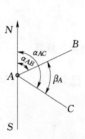

图 4.21 正、反坐标方位角

2. 坐标方位角的推算

测量工作中并不直接测定每条直线的坐标方位角，而是根据已知方向及相关的水平夹角推算直线的方位角。

如图 4.22 所示，折线 1—2—3—4—5 所夹的水平角为 β_2、β_3、β_4，称为转折角，在推算时，转折角有左角和右角之分，如果选择推算方向为 12—23—34—45，那么，水平角 β_2、β_3、β_4，位于推算方向的左侧，即为左角。反之则为右角。

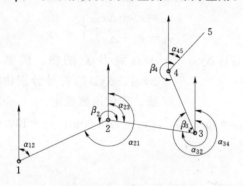

图 4.22 坐标方位角推算　　　图 4.23 坐标方位角与水平角

设 α_{12} 为已知方位角，而 β_2、β_3、β_4 为左角。

因

$$\alpha_{21}＝\alpha_{12}＋180°$$

则

$$\alpha_{23}＝\alpha_{21}＋\beta_2－360°＝\alpha_{12}＋\beta_2－180°$$

因

$$\alpha_{32}＝\alpha_{23}＋180°$$

则

$$\alpha_{34}＝\alpha_{32}＋\beta_3＝\alpha_{23}＋\beta_3＋180°$$

则得左角公式

$$\alpha_{前}＝\alpha_{后}＋\beta_{左}\pm180° \tag{4.19}$$

同理可得右角公式

$$\alpha_{前}＝\alpha_{后}－\beta_{右}＋180° \tag{4.20}$$

3. 用方位角计算两直线间的水平夹角

如图 4.23 所示，已知 AB 与 AC 两条直线的方位角分别为 α_{AB} 和 α_{AC}，则这两直线间的水平夹角为

$$\beta_A = \alpha_{AC} - \alpha_{AB} \qquad\qquad (4.21)$$

4.5 坐标正反算

4.5.1 坐标正算

地面上有两点，已知一点坐标，两点间的水平距离和方位角，计算另外一点坐标的方法，称为坐标正算。

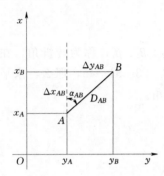

图 4.24　坐标正反算

如图 4.24 所示，设 A 点的坐标 (x_A, y_A) 已知，测得 A、B 两点间的水平距离为 D_{AB}，方位角为 α_{AB}，则 B 点的坐标 (x_B, y_B) 可用下式计算。

$$\left.\begin{aligned}\Delta x_{AB} &= D_{AB} \cdot \cos\alpha_{AB} \\ \Delta y_{AB} &= D_{AB} \cdot \sin\alpha_{AB}\end{aligned}\right\} \qquad (4.22)$$

$$\left.\begin{aligned}x_B &= x_A + \Delta x_{AB} \\ y_B &= y_A + \Delta y_{AB}\end{aligned}\right\} \qquad (4.23)$$

式中　　Δx_{AB}、Δy_{AB}——A 点到 B 点的纵、横坐标增量，Δx_{AB}、Δy_{AB} 的符号分别由 α_{AB} 的余弦、正弦函数确定。

【例 4.2】已知 $D_{AB} = 150.879\text{m}$，$\alpha_{AB} = 45°32'34''$，$x_A = 120.00\text{m}$，$y_A = 130.00\text{m}$。求 x_B、y_B。

【解】

$$\Delta x_{AB} = D_{AB} \cdot \cos\alpha_{AB} = 150.879 \times \cos 45°32'34'' = 105.672(\text{m})$$

$$\Delta y_{AB} = D_{AB} \cdot \sin\alpha_{AB} = 150.879 \times \sin 45°32'34'' = 107.693(\text{m})$$

$$x_B = x_A + \Delta x_{AB} = 120.000 + 105.672 = 225.672(\text{m})$$

$$y_B = y_A + \Delta y_{AB} = 130.000 + 107.693 = 237.693(\text{m})$$

4.5.2 坐标反算

已知地面上两点的平面直角坐标，计算它们之间水平距离和方位角的方法，称为坐标反算。

如图 4.24 所示，设 A 点的坐标为 (x_A, y_A)，B 点的坐标为 (x_B, y_B)，则直线 AB 的距离 D_{AB} 和方位角 α_{AB} 可按下述方法计算。

（1）计算坐标增量 Δx_{AB}、Δy_{AB}。

$$\left.\begin{aligned}\Delta x_{AB} &= x_B - x_A \\ \Delta y_{AB} &= y_B - y_A\end{aligned}\right\} \qquad (4.24)$$

（2）计算象限角 R_{AB}。

$$R_{AB} = \arctan \frac{|\Delta y_{AB}|}{|\Delta x_{AB}|} \qquad (4.25)$$

（3）根据 Δx_{AB}、Δy_{AB} 的符号，按表 4.4 确定 R_{AB} 所在的象限，并以相应公式计算方位角。

表 4.4 象限角与方位角的换算

Δx_{AB}	Δy_{AB}	所在 R_{AB} 象限	α_{AB} 的计算公式
+	+	I	$\alpha_{AB} = R_{AB}$
−	+	II	$\alpha_{AB} = 180° - R_{AB}$
−	−	III	$\alpha_{AB} = 180° + R_{AB}$
+	−	IV	$\alpha_{AB} = 360° - R_{AB}$

（4）A、B 两点间的水平距离 D_{AB}，可按式（4.26）中的任一式计算。

$$\left. \begin{array}{l} D_{AB} = \sqrt{\Delta x_{AB}^2 + \Delta y_{AB}^2} \\[2mm] D_{AB} = \dfrac{\Delta x_{AB}}{\cos\alpha_{AB}} \\[2mm] D_{AB} = \dfrac{\Delta y_{AB}}{\sin\alpha_{AB}} \end{array} \right\} \tag{4.26}$$

【例 4.3】 已知 A 点坐标：$x_A = 564.968\text{m}$、$y_A = 645.243\text{m}$，B 点坐标：$x_B = 456.358\text{m}$、$y_B = 352.657\text{m}$，求 D_{AB}、α_{AB}。

【解】

（1）计算坐标增量 Δx_{AB}、Δy_{AB}。

$$\Delta x_{AB} = x_B - x_A = 456.358 - 564.968 = -108.610\text{(m)}$$
$$\Delta y_{AB} = y_B - y_A = 352.657 - 645.243 = -292.586\text{(m)}$$

（2）计算象限角 R_{AB}。

$$R_{AB} = \arctan\frac{|\Delta y_{AB}|}{|\Delta x_{AB}|} = \arctan\frac{|-292.586|}{|-108.610|} = 69°38'05''$$

（3）Δx_{AB}、Δy_{AB} 均为负，按表 4.4 所示，直线 AB 应在第 III 象限，所以

$$\alpha_{AB} = 180° + R_{AB} = 180° + 69°38'05'' = 249°38'05''$$

（4）计算 A、B 两点间的水平距离 D_{AB}。

$$D_{AB} = \sqrt{\Delta x_{AB}^2 + \Delta y_{AB}^2} = \sqrt{(-108.610)^2 + (-292.586)^2} = 312.094\text{(m)}$$

4.6 全站型电子速测仪

全站型电子速测仪（简称全站仪）是集测角、测距、自动记录于一体的仪器。它由光电测距仪、电子经纬仪、数据自动记录装置三大部分组成。数据自动记录系统也称电子手簿或数据终端，是为测量专门设计的野外小型数据存储设备。目前的数据自动记录系统有输入输出接口，能迅速进行野外观测数据采集，并能与计算机、打印机、绘图仪等外围设备相连接，进行数据自动化传输、处理、成果打印及绘图，从而实现测量过程的自动化。

下面以南方 NTS-350 全站仪为例介绍全站型电子速测仪的结构和使用方法。

4.6.1 南方 NTS-350 全站仪的结构

南方 NTS-350 系列全站仪的测距精度为 3mm+2ppm，即固定测距中误差为 ±3mm，与距离成比例增大的测距中误差为 ±2mm/km；使用单反光镜的最大测程为 1.8km，使用三棱镜组的最大测程为 2.6km。南方 NTS-350 系列全站仪的基本构造如图

4.25 所示。

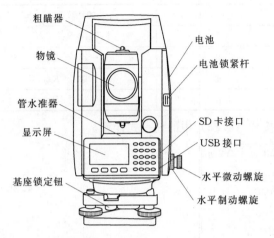

粗瞄器
物镜
管水准器
显示屏
基座锁定钮

电池
电池锁紧杆
SD 卡接口
USB 接口
水平微动螺旋
水平制动螺旋

图 4.25　南方 NTS‐350 全站仪

南方 NTS‐350 系列全站仪除能进行测量角度和距离外，还能进行高程测量、坐标测量、坐标放样以及对边测量、悬高测量、面积测量等丰富的测量程序，同时具有数据存储功能，参数设置功能，适用于各种专业测量和工程测量。

4.6.2　反射棱镜与觇牌

与全站仪配套使用的反射棱镜与觇牌如图 4.26 所示，图 4.26（a）为三棱镜组；图 4.26（b）为觇牌配合单棱镜；图 4.26（c）为支架对中杆单棱镜。对中杆单棱镜的对中杆与两条支架一起构成简便的三脚架系统，操作灵活方便，在低等级控制测量和施工放线测量中应用广泛。在精度要求不高时，还可拆去其两条支架，单独使用一根对中杆，携带和使用更加方便。

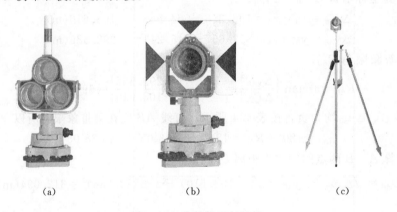

（a）　　　　　　　　（b）　　　　　　　　（c）

图 4.26　全站仪反射棱镜

棱镜组和觇牌配合单棱镜的安置，具体方法与光学经纬仪相同。将基座安放到三脚架上，利用基座上的光学对中器和基座螺旋进行对中整平。安置完成之后，将反光面朝向全站仪，如果需要观测高程，则用小钢尺量取棱镜高度，即地面标志到棱镜或觇牌中心的高度。

4.6.3　南方 NTS350 全站仪的使用

1. 安置仪器

将全站仪安置在测站上，对中整平，方法与经纬仪相同，注意全站仪脚架的中心螺旋与经纬仪脚架不同，两种脚架不能混用。安置棱镜于另一点上，经对中整平后，将棱镜朝向全站仪。

2. 开机

按面板上的 POWER 键打开电源，按 F1（↓）或 F2（↑）键调节屏幕文字的对比度，使其清晰易读；上下转动一下望远镜，完成仪器的初始化，此时仪器一般处于测角状态。面板见图4.27，有关键盘符号的名称与功能见表4.5。

开机时要注意观察显示窗右下方的电池信息，判断是否有足够的电池电量并采取相应的措施，电池信息意义如下。

■■■——电量充足，可操作使用。

■■——刚出现此信息时，电池尚可使用1h左右；若不掌握已消耗的时间，则应准备好备用的电池。

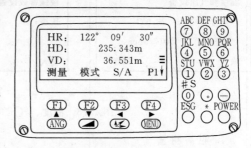

图4.27 南方NTS-350全站仪面板

■——电量已经不多，尽快结束操作，更换电池并充电。

■闪烁到消失——从闪烁到缺电关机大约可持续几分钟，电池已无电应立即更换电池。

表4.5　　　　　　　　　　南方NTS-350全站仪操作面板说明

键盘符号	名　　称	功　　能
ANG（▲）	角度测量键（上移键）	进入角度测量模式（上移光标）
◢（▼）	距离测量键（下移键）	进入距离测量模式（下移光标）
⊿（◀）	坐标测量键（左移键）	进入坐标测量模式（左移光标）
MENU（▶）	菜单键（右移键）	进入菜单模式（右移光标），可进行各种程序测量、数据采集、放样和存储管理等
ESC	退出键	返回上一级状态或返回测量模式
*	星键	进入参数设置状态
POWER	电源开关键	短按开机，长按关机
F1～F4	功能键	对应于显示屏最下方一排所示信息的功能，具体功能随不同测量状态而不同
0～9	数字键	输入数字和字母、小数点、负号

3. 温度、气压和棱镜常数设置

全站仪测量时发射红外光的光速随大气的温度和压力而改变，进行温度和气压设置，是通过输入测量时测站周围的温度和气压，由仪器自动对测距结果实施大气改正。棱镜常数是指仪器红外光经过棱镜反射回来时，在棱镜处多走了一段距离，这个距离对同一型号的棱镜来说是个固定的，南方全站仪的棱镜常数，三棱镜组的棱镜常数0mm，单棱镜的棱镜常数为−30mm，在测距时输入全站仪，由仪器自动进行改正，显示正确的距离值。

预先测得测站周围的温度和气压。如温度+25℃，气压1017.5。按◢键进入测距状态，按F3键执行［S/A］功能，进入温度、气压和棱镜常数设置状态，再按F3键执行［T-P］功能，先进入温度、气压设置状态，依次输入温度25.0和气压1017.5，按F4回车确认，见图4.28（a）。按ESC键退回到温度、气压和棱镜常数设置状态，按F1键执行［棱镜］功能，进入棱镜常数设置状态，输入棱镜常数（−30），按F4回车确认，见

图 4.28（b）。

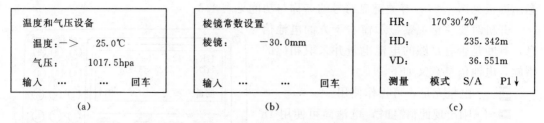

图 4.28　温度、气压、棱镜常数设置和测距屏幕

4. 距离测量

照准棱镜中心，按 ◢ 键，距离测量开始，1～2s 后在屏幕上显示水平距离 HD，例如 "HD：235.342m"，同时屏幕上还显示全站仪中心与棱镜中心之间的高差 VD，例如 "VD：36.551m"，见图 4.28（c）。如果需要显示斜距，则按 ◢ 键，屏幕上便显示斜距 SD，例如 "SD：241.551"。

测距结束后，如需要再次测距，按 F1 键执行 [测量] 即可。如果仪器连续地反复测距，说明仪器当时处于"连续测量"模式，可按 F1 键，使测量模式由"连续测量"转为"N 次测量"，当光电测距正在工作时，再按 F1 键，测量模式又由"N 次测量"转为"连续测量"。

仪器在测距模式下，即使还没有完全瞄准棱镜中心，只要有回光信号，便会进行测距，因此一般先按 ANG 键进入角度测量状态，瞄准棱镜中心后，再按 ◢ 键测距。

5. 角度测量

角度测量是全站仪的基本功能之一，开机一般默认进入角度测量状态，南方 NTS350 也可按 ANG 键进入测角状态，屏幕上的"V"为竖直度盘读数，"HR"（度盘顺时针增大）或"HL"（度盘逆时针增大）为水平度盘读数，水平角置零等操作按 F1～F4 功能键完成，具体操作方法与电子经纬仪基本相同。

第5章　测量误差的基本知识

【学习内容及教学目标】

通过本章学习，了解测量误差产生的三个因素；测量误差的分类；了解偶然误差的特性；基本掌握中误差、极限误差、相对误差的定义及表达式；掌握算术平均值的定义及计算方法；基本掌握采用算术平均值计算观测值中误差、平均值中误差的计算公式；了解误差传播定律。

【能力培养要求】

（1）具有基本误差分析能力。

（2）具有简单使用中误差、相对误差、极限误差等计算式评定精度的能力。

5.1　测量误差概述

在测量过程中，对某一量进行观测，无论你采用的仪器多么精密，观测者的施测程序多么仔细，测量的结果与真实值总是有差距，这个差距就是测量误差。比如，进行水准测量时，往返观测高差存在不符值，角度测量时，多个测回的观测值不相等，距离测量时，往返测距离不相符合，对某一个三角形进行内角观测，其内角和总是不等于180°，这些都说明一个问题，误差是普遍存在的。

5.1.1　测量误差产生的原因

测量误差的产生原因主要有以下三个方面。

1. 仪器

由于测量仪器和工具本身在设计、制造、加工、校正方面不完善而引起的误差。如：钢尺刻划误差、度盘分划误差、偏心差、i角误差等，任何一种仪器都具有一定的精密度。

2. 观测者

由于观测者感官鉴别能力的局限性，在测量中会引起如照准误差、读数误差、对中误差、整平误差等，这是不可避免的。还有观测者本身的技术水平及认真程度，也是影响误差的因素。

3. 外界条件

测量过程总是在复杂的外界条件下进行，如温度、湿度、风力、折光等因素的不断变化，都会对测量结果产生影响。

通常，把上述三个方面称为观测条件，观测条件好，误差就小，成果就精确，我们把观测成果的精确程度称为精度。在相同的观测条件下（指相同的观测者，使用相同精度的仪器，在相同的外界条件下）进行的观测称为等精度观测。反之，则是不等精度观测。

5.1.2　测量误差的分类

测量误差按其性质的不同可分为系统误差、偶然误差。

1. 系统误差

在相同的观测条件下做一系列的观测，如果误差出现的大小及符号在测量过程中保持不变，或按一定的规律变化，这种误差称为系统误差。比如，水准测量中的 i 角误差、仪器和尺垫升沉误差、水准标尺零点差；角度测量中的横轴误差、竖轴误差、指标差；距离测量的尺长误差、定线误差等等都是系统误差占主导地位。

2. 偶然误差

在相同的观测条件下做一系列的观测，如果误差出现的大小及符号均不一致，即表面上显示没有规律性，这种误差称为偶然误差，比如：读数误差、对中误差、照准误差、整平误差等均可归类于偶然误差。

由于观测者读错、记错、算错，或者仪器错误等引起的误差，称为粗差。实际上，这已经不能称为误差，是错误，只要进行多次观测，并注意检核，错误是应该绝对避免的。

综上所述，虽然系统误差和偶然误差是同时对观测成果产生影响，但由于系统误差的大小和符号可以预见，可通过一定的观测方式进行消除及减弱，所以，我们认为决定观测精度的关键因素是偶然误差。

实际上，某种误差是属于系统误差还是偶然误差，并没有绝对的界限，产生偶然误差和系统误差的根源是一致的，只是原因过于复杂，目前还不能很好的总结、区别和消除，随着社会科技的发展，人们对事物的认识会越来越深入，各种偶然误差也必定可以找到其产生的必然因素，在测量过程中较好地消减其影响。

5.1.3　偶然误差的特性

偶然误差表面上没有规律性，但通过大量的等精度观测实验，发现它有一定的规律性。

1. 真误差的概念

测量中对某个量进行观测，可得到一个观测值，这个量理论上有一个真值，由于测量存在误差，观测值和真值之间总会有差值，这个差值称为真误差。用"Δ"表示。

$$\Delta = 观测值 - 真值 \qquad (5.1)$$

【例 5.1】　如图 5.1 所示，三角形 ABC，外业观测三个内角，求三角形内角和的真误差。

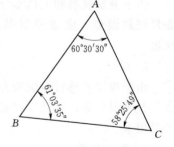

图 5.1　三角形内角观测示意图

【解】

根据式（5.1）得

$$\Delta = (60°30'30'' + 61°03'35'' + 58°25'49'') - 180° = -6''$$

2. 偶然误差的特性

例如，在相同的观测条件下，观测了 329 个三角形的内角，分别算出了 329 个三角形内角和的真误差，按误差大小所在区间分类，列于表 5.1。

表 5.1 偶 然 误 差 统 计 表

误差所在区间	正误差个数	负误差个数	总和
0.0″~0.5″	48	47	95
0.5″~1.0″	39	40	79
1.0″~1.5″	25	23	48
1.5″~2.0″	18	20	38
2.0″~2.5″	13	15	28
2.5″~3.0″	9	10	19
3.0″~3.5″	6	7	13
3.5″~4.0″	4	2	6
4.0″~4.5″	2	1	3
4.5″以上	0	0	0
Σ	164	165	329

从表 5.1 可知三角形内角和真误差的分布规律。

（1）小误差的数量比大误差大。

（2）绝对值相等的正、负误差个数大致相等。

（3）最大误差不超过 4.5″。

如果按上述方法将这样的实验无限做下去，也就是说，当观测条件相同及观测次数无限增多时，我们可得到偶然误差的特性：①小误差出现的机会比大误差出现的机会要大；②绝对值相等的正、负误差出现的机会相等；③偶然误差的绝对值，不会超过一定的限值；④偶然误差的平均值，随着观测次数的无限增加而趋近于零。

$$\lim_{n \to \infty} \frac{[\Delta]}{n} = 0 \tag{5.2}$$

$$[\Delta] = \Delta_1 + \Delta_2 + \Delta_3 + \cdots + \Delta_n$$

式中　n——观测次数。

由于系统误差是可以通过一定的观测方法和观测程序进行消减的，所以，观测值的精度主要取决于偶然误差的影响，如何在观测过程中减小其影响，要遵循偶然误差的特性来确定。为了减小偶然误差的影响，可总结出三点：①合适增加观测次数。②适当提高测量仪器的精度等级。③取多次观测的平均值。

5.2　衡 量 精 度 的 标 准

在对同一量的多次观测中，各个观测值之间的差异程度称为精度，若各观测值之间差异很大，则精度低，差异很小，则精度高，所以需要有一个统一的标准来表示各观测值之间的差异程度，以此来衡量精度。

下面介绍衡量精度的常用标准。

5.2.1　中误差

在一定条件下对某量进行多次观测，各观测值真误差 Δ_i 平方的平均值再开平方的结

69

果，称为观测值中误差。

$$m=\pm\sqrt{\frac{\Delta_1^2+\Delta_2^2+\cdots+\Delta_3^2}{n}}=\pm\sqrt{\frac{[\Delta\Delta]}{n}} \qquad (5.3)$$

【例 5.2】 按表 5.2 所示两组真误差分别计算其中误差，并比较两组观测值的精度。

表 5.2　　　　　　　　　　**真 误 差 统 计 表**

第一组	−0.28	−0.04	+1.25	−0.46	+0.56	+0.98
	+0.34	−0.23	−0.56	+0.76	+0.53	−1.23
第二组	−0.67	−0.76	−0.99	+0.34	+0.21	−0.54
	−1.12	+0.56	+0.45	+1.43	−0.78	+0.98

【解】

$$m_1=\pm\sqrt{\frac{(-0.28)^2+(-0.04)^2+(+1.25)^2+\cdots+(-1.23)^2}{12}}=2.45$$

$$m_2=\pm\sqrt{\frac{(-0.67)^2+(-0.76)^2+(-0.99)^2+\cdots+(+0.98)^2}{12}}=2.80$$

由于 $m_1<m_2$，所以第一组精度比第二组精度高。

【例 5.3】 有甲、乙两组对同一三角形内角进行 8 次观测，观测结果及三角形内角和的真误差列于表 5.3，试评定甲、乙两组观测值的精度。

【解】

表 5.3　　　　　　　　　　**观测值及其真误差、中误差计算表**

甲 组 观 测				乙 组 观 测			
次数	观测值 l /(° ′ ″)	真误差 Δ /(″)	ΔΔ /(″)	次数	观测值 l /(° ′ ″)	真误差 Δ /(″)	ΔΔ /(″)
1	180 00 05	+5	25	1	180 00 04	+4	16
2	179 59 56	−4	16	2	179 59 57	−3	9
3	180 00 07	+7	49	3	180 00 03	+3	9
4	179 59 52	−8	64	4	179 59 54	−6	36
5	179 59 57	−3	9	5	179 59 56	−4	16
6	179 59 57	−3	9	6	179 59 52	−8	64
7	180 00 05	+5	25	7	180 00 03	+3	9
8	180 00 04	+4	16	8	180 00 02	+2	4
Σ			213	Σ			163
甲组观测值中误差：$m_1=\pm\sqrt{\dfrac{213}{8}}=\pm5.2''$				乙组观测值中误差：$m_2=\pm\sqrt{\dfrac{163}{8}}=\pm4.5''$			

从表 5.3 计算结果可看出 $m_1>m_2$，所以乙组精度高于甲组精度。

5.2.2　限差

我们知道，偶然误差是不可避免的，但它的绝对值不会超过一定的限值，根据误差理论及实验统计证明，绝对值大于两倍中误差的偶然误差出现的机会为 5%，大于三倍中误差的偶然误差出现的机会仅有 0.3%。因此，通常以三倍中误差作为偶然误差的极限值，称为限差。

$$\Delta_{限} = 3m \tag{5.4}$$

在测量工作中，也可采用二倍中误差作为限差。

$$\Delta_{限} = 2m \tag{5.5}$$

5.2.3　相对误差

真误差和中误差都没有考虑观测量本身的大小，一般称为绝对误差。对于某些观测值，单靠绝对误差还不能完全评定观测值的精度。

例如，分别丈量了 1500m 和 800m 的两段距离，观测值的中误差都为 ±2cm，虽然两者的中误差相同，但很明显，针对于单位长度的精度，两者并不相同，因此，需采用另一种衡量精度的标准，相对误差来衡量。

相对误差就是绝对误差与观测值之比。

$$k = \frac{|m|}{l} = \frac{1}{l/|m|} \tag{5.6}$$

表 5.4 为两段距离的精度评定计算表，从表中可看出，虽然两段距离的中误差相等，但其相对误差不相等。

表 5.4　　　　　　　　　**距离测量相对误差及精度评定计算表**

观测值/m	中误差/cm	相　对　误　差
1500.00	±2	$k_1 = \dfrac{0.02}{1500} = \dfrac{1}{75000}$
800.00	±2	$k_2 = \dfrac{0.02}{800} = \dfrac{1}{40000}$

由表 5.4 计算结果看出 $k_1 < k_2$，所以 1500m 丈量段精度高。

5.3　算术平均值及观测值的中误差

5.3.1　算术平均值

设对某量进行 n 次等精度观测，其观测值分别为 l_1、l_2、$\cdots$、l_n，则该量的最可靠值就是算术平均值 x。

$$x = \frac{l_1 + l_2 + \cdots + l_n}{n} = \frac{[l]}{n} \tag{5.7}$$

为什么说算术平均值是最可靠值呢？如下所述。

设观测值分别为 l_1、l_2、$\cdots$、l_n 的等精度观测量的真值为 X，各观测值的真误差为 Δ_1、Δ_2、$\cdots$、Δ_n。

$$\Delta_1 = l_1 - X$$
$$\Delta_2 = l_2 - X$$
$$\vdots$$
$$\Delta_n = l_n - X$$

将上式两边分别相加后，得

$$[\Delta]=[l]-nX$$

等式两边同时除以 n，得

$$\frac{[\Delta]}{n}=\frac{[l]}{n}-X$$

根据偶然误差的特性：

$$\lim_{n\to\infty}\frac{[\Delta]}{n}=0$$

得

$$X=\lim_{n\to\infty}\frac{[l]}{n}$$

由上式可得出，当观测次数 n 无限增多时，算术平均值趋近于真值。所以，算术平均值是最可靠值，也叫最或然值。

5.3.2　用改正数计算观测值中误差

由于测量观测值的真值常常是不确定的，以至于真误差也不确定，所以无法应用式 (5.3) 计算中误差。因此，测量工作中，常常利用算术平均值与观测值之差，称为改正数，用改正数来计算中误差，下面导出用改正数计算中误差的计算公式。

设某等精度观测值分别为 l_1、l_2、$\cdots$、l_n，其算术平均值为 x，各观测值的改正数为 v_1、v_2、$\cdots$、v_n。

$$\left.\begin{aligned}v_1&=x-l_1\\v_2&=x-l_2\\&\vdots\\v_n&=x-l_n\end{aligned}\right\} \tag{5.8}$$

将上式两边分别相加后，得

$$[v]=nx-[l]$$

将 $x=\dfrac{[l]}{n}$ 代入上式，可得 $\qquad [v]=0 \tag{5.9}$

由于

$$\left.\begin{aligned}\Delta_1&=l_1-X\\\Delta_2&=l_2-X\\&\vdots\\\Delta_n&=l_n-X\end{aligned}\right\} \tag{5.10}$$

将式 (5.10) 与式 (5.8) 对应相加，得

$$\left.\begin{aligned}\Delta_1&=-v_1+(x-X)\\\Delta_2&=-v_2+(x-X)\\&\vdots\\\Delta_n&=-v_n+(x-X)\end{aligned}\right\} \tag{5.11}$$

设 $\delta=x-X$，代入式 (5.11)

$$\left.\begin{aligned}\Delta_1 &= -v_1 + \delta \\ \Delta_2 &= -v_2 + \delta \\ &\vdots \\ \Delta_n &= -v_n + \delta\end{aligned}\right\} \tag{5.12}$$

将式（5.12）两边平方，并相加得

$$[\Delta\Delta] = [vv] + n\delta^2 - 2[v]\delta$$

将式（5.9）代入上式，得

$$[\Delta\Delta] = [vv] + n\delta^2$$

上式两边同除以 n，得

$$\frac{[\Delta\Delta]}{n} = \frac{[vv]}{n} + \delta^2 \tag{5.13}$$

又因

$$\delta = x - X = \frac{[l]}{n} - X = \frac{[l-X]}{n} = \frac{[\Delta]}{n}$$

$$\delta^2 = \frac{[\Delta]^2}{n^2} = \frac{1}{n^2}(\Delta_1^2 + \Delta_2^2 + \cdots + \Delta_n^2 + 2\Delta_1\Delta_2 + 2\Delta_1\Delta_3 + \cdots + 2\Delta_{n-1}\Delta_n)$$

$$= \frac{[\Delta\Delta]}{n^2} + \frac{2}{n^2}(\Delta_1\Delta_2 + \Delta_1\Delta_3 + \cdots + \Delta_{n-1}\Delta_n)$$

由于 Δ_1、Δ_2、$\cdots$、Δ_n 是偶然误差，故 $\Delta_1\Delta_2$、$\Delta_1\Delta_3$、$\cdots$、$\Delta_{n-1}\Delta_n$ 也具有偶然误差性质，也就是说，当 n 趋近于无穷大时，$\Delta_1\Delta_2 + \Delta_1\Delta_3 + \cdots + \Delta_{n-1}\Delta_n$ 应趋近于零。

所以

$$\delta^2 = \frac{[\Delta\Delta]}{n^2} \tag{5.14}$$

将式（5.14）代入式（5.13）

$$\frac{[\Delta\Delta]}{n} = \frac{[vv]}{n} + \frac{[\Delta\Delta]}{n^2}$$

根据中误差定义，上式变换成

$$m^2 = \frac{[vv]}{n} + \frac{m^2}{n}$$

$$m = \sqrt{\frac{[vv]}{n-1}} \tag{5.15}$$

式（5.15）即为采用改正数计算观测值中误差的计算公式，此式又称为白塞尔公式。

5.3.3 算术平均值的中误差

对某量进行 n 次等精度观测，观测值中误差为 m，则其算术平均值的中误差为 M。

$$M = \pm \frac{m}{\sqrt{n}} \tag{5.16}$$

【例5.4】 对某角进行了6次等精度观测，观测结果列于表5.5，试求其观测值的中误差及算术平均值中误差。

【解】

表 5.5 等精度观测值中误差计算表

序号	观测值 l/(° ′ ″)	改正数 v/(″)	vv/(″)
1	65　23　46	0	0
2	65　23　43	+3	9
3	65　23　49	−3	9
4	65　23　45	+1	1
5	65　23　47	−1	1
		$[v]=0$	$[vv]=20$

平均值：$x=\dfrac{[l]}{n}=65°23'46''$

观测值中误差：$m=\pm\sqrt{\dfrac{[vv]}{n-1}}=\pm\sqrt{\dfrac{20}{5-1}}=\pm2.2''$

算术平均值中误差：$M=\pm\dfrac{m}{\sqrt{n}}=\pm\dfrac{2.2''}{\sqrt{5}}=\pm1.0''$

5.4　观测值函数的中误差

前面我们叙述了观测值的中误差和算术平均值中误差，但在实际工作中，某些未知量并不是直接观测或不便于直接观测，而是由观测值根据一定的函数关系推算出来。

比如有三角形 ABC，对其中的 $\angle A$、$\angle B$ 进行了观测，其中误差为 $m_a=\pm2''$，$m_b=\pm3''$，那么 $\angle C$ 角的中误差是多少呢？由 C 角不是直接观测值，而是由直接观测值 $\angle A$、$\angle B$ 计算求得，它们之间存在函数关系 $\angle C=180°-(\angle A+\angle B)$。又如水准测量中，一个测站的高差并不是直接观测值，高差 $h=a-b$。它是由直接观测值 a、b 计算求得。显然，函数中误差和观测值中误差之间必定存在一定的关系，阐述函数中误差与各独立观测值中误差之间关系的定律，称为误差传播定律。

下面分别讨论线性函数和一般函数的中误差。

5.4.1　线性函数的中误差

1. 线性函数的中误差

设线性函数为

$$z=k_1x_1+k_2x_2+\cdots+k_nx_n \tag{5.17}$$

式中　k_1、k_2、$\cdots$、k_n——常数；

x_1、x_2、$\cdots$、x_n——独立观测值。

设 x_1、x_2、$\cdots$、x_n 的中误差分别为 m_1、m_2、$\cdots$、m_n，函数 Z 的中误差为 m_z。当观测值 x_1、x_2、$\cdots$、x_n 分别产生真误差 Δ_1、Δ_2、$\cdots$、Δ_n 时，函数 Z 将产生真误差 Δ_z。

即

$$z+\Delta_z=k_1(x_1+\Delta_1)+k_2(x_2+\Delta_2)+\cdots+k_n(x_n+\Delta_n) \tag{5.18}$$

将式（5.18）与式（5.17）对应相减，得

$$\Delta_z=k_1\Delta_1+k_2\Delta_2+\cdots+k_n\Delta_n \tag{5.19}$$

当观测值 x_1、x_2、$\cdots$、x_n 各进行的 i 次观测，则有

$$\left.\begin{aligned}
\Delta_{z1}&=k_1\Delta_{11}+k_2\Delta_{21}+\cdots+k_n\Delta_{n1}\\
\Delta_{z2}&=k_1\Delta_{12}+k_2\Delta_{22}+\cdots+k_n\Delta_{n2}\\
&\quad\vdots\\
\Delta_{zi}&=k_1\Delta_{1i}+k_2\Delta_{2i}+\cdots+k_n\Delta_{ni}
\end{aligned}\right\}$$

将上式等式两边对应相加，得

$$[\Delta_z]=k_1[\Delta_1]+k_2[\Delta_2]+\cdots+k_n[\Delta_n]$$

将上式两端平方整理并除以 i，得

$$\frac{[\Delta_z\Delta_z]}{i}=\frac{k_1^2[\Delta_1\Delta_1]}{i}+\frac{k_2^2[\Delta_2\Delta_2]}{i}+\cdots+\frac{k_n^2[\Delta_n\Delta_n]}{i}+2k_1k_2\frac{[\Delta_1][\Delta_2]}{i}$$

$$+2k_1k_3\frac{[\Delta_1][\Delta_3]}{i}+\cdots+2k_{n-1}k_n\frac{[\Delta_{n-1}][\Delta_n]}{i}$$

根据偶然误差的性质，上式中的混合项为零，上式变换为

$$\frac{[\Delta_z\Delta_z]}{i}=k_1^2\frac{[\Delta_1\Delta_1]}{i}+k_2^2\frac{[\Delta_2\Delta_2]}{i}+\cdots+k_n^2\frac{[\Delta_n\Delta_n]}{i}$$

根据中误差定义式，得

$$m_z^2=k_1^2m_1^2+k_2^2m_2^2+\cdots+k_n^2m_n^2 \tag{5.20}$$

则

$$m_z=\pm\sqrt{k_1^2m_1^2+k_2^2m_2^2+\cdots+k_n^2m_n^2} \tag{5.21}$$

式（5.21）即为线性函数的误差传播定律。

2. 倍数函数的中误差

当线性函数式（5.17）中，k_2、k_3、$\cdots$、k_n 都为零时，则成为倍数函数。

$$z=kx \tag{5.22}$$

则

$$m_z=km_x \tag{5.23}$$

【例 5.5】 设在比例尺为 $1:1000$ 的地形图上量得两点间距离 $d=112.5\text{mm}$，其中误差 $m_d=\pm0.3\text{mm}$，试计算两点间的实地距离 D 及其中误差 m_D。

【解】

实地距离：$D=1000\times d=1000\times112.5=112500(\text{mm})=112.5(\text{m})$

中误差：$m_D=1000\times m_d=1000\times(\pm0.3)=\pm300(\text{mm})=\pm0.3(\text{m})$

3. 和差函数的中误差

当线性函数式（5.17）中，$k_1=k_2=\cdots=k_n=\pm1$ 时，则成为和差函数。

$$z=x_1\pm x_2\pm\cdots\pm x_n \tag{5.24}$$

则

$$m_z=\pm\sqrt{m_1^2+m_2^2+\cdots+m_n^2} \tag{5.25}$$

如果是等精度观测，则

$$m_1 = m_2 = \cdots = m_n = m$$

$$m_z = \pm m \sqrt{n} \tag{5.26}$$

【例 5.6】　设 A、B 两点水准路线长度为 L，共安置了 n 个测站，设每个测站的前、后视读数中误差均为 $m_{读}$，试求一个测站所测高差的中误差 $m_{站}$ 及该条线路高差的中误差 m_{AB}。

【解】

一个测站的高差为

$$h = a - b$$

a、b 为等精度观测，中误差为 $m_{读}$，则

$$m_{站} = \sqrt{m_{读}^2 + m_{读}^2} = m_{读} \sqrt{2}$$

A、B 线路高差为

$$h_{AB} = h_1 + h_2 + \cdots + h_n$$

每测站高差为等精度观测，中误差为 $m_{站}$。则

$$m_{AB} = \sqrt{m_{站}^2 + m_{站}^2 + \cdots + m_{站}^2} = m_{站} \sqrt{n}$$

5.4.2　非线性函数的中误差

设非线性函数的一般式为

$$z = f(x_1、x_2、\cdots、x_n) \tag{5.27}$$

式中　x_1、x_2、$\cdots$、x_n——直接观测值，其中误差分别为 m_1、m_2、$\cdots$、m_n。

对式（5.27）取全微分，得

$$d_z = \frac{\partial f}{\partial x_1} dx_1 + \frac{\partial f}{\partial x_2} dx_2 + \cdots + \frac{\partial f}{\partial x_n} dx_n \tag{5.28}$$

由于真误差很小，所以用 Δ_z 代替 d_z，Δ_{xi} 代替 d_{xi}（$i = 1$、2、$\cdots$、n），则式（5.28）变换为

$$\Delta_z = \frac{\partial f}{\partial x_1} \Delta_{x1} + \frac{\partial f}{\partial x_2} \Delta_{x2} + \cdots + \frac{\partial f}{\partial x_n} \Delta_{xn} \tag{5.29}$$

式中 $\frac{\partial f}{\partial x_1}$、$\frac{\partial f}{\partial x_2}$、$\cdots$、$\frac{\partial f}{\partial x_n}$ 为函数分别对各观测值 x_1、x_2、$\cdots$、x_n 求的偏导数，以观测值代入后，偏导数值均为常数。则式（5.29）为线性函数，得

$$m_z = \sqrt{\left(\frac{\partial f}{\partial x_1}\right)^2 m_1^2 + \left(\frac{\partial f}{\partial x_2}\right)^2 m_2^2 + \cdots + \left(\frac{\partial f}{\partial x_n}\right)^2 m_n^2} \tag{5.30}$$

式（5.30）即为非线性函数的误差传播定律。在测量成果中应用广泛。

第6章 小区域控制测量

【学习内容及教学目标】

通过本章学习，掌握控制测量的基本概念；基本掌握图根导线的外业测量与内业计算；了解交会法测量；掌握四等水准测量；基本掌握三角高程测量。

【能力培养要求】

(1) 具有控制测量的基础知识。

(2) 具有图根导线外业测量及内业计算能力。

(3) 具有采用四等水准测量方法进行图根高程控制测量能力。

6.1 控制测量概述

6.1.1 控制测量基本概念

在测量工作中，为了防止误差的过量累计，满足测图或施工的精度要求，必须遵循"先整体后局部，先控制后碎部"的基本原则，即在测量区域中首先进行控制测量，然后进行测图及放样。控制测量也就是在测区内选择若干个控制点，构成一定的几何图形，采用一定的方法测定控制点的平面位置和高程。

控制测量在实施过程中又分为平面控制测量和高程控制测量。平面控制测量是测定控制点的平面坐标，高程控制测量是测定控制点的高程。

6.1.2 国家级控制网

我国地大物博，幅员辽阔，根据国家经济建设需要，国家测绘部门在全国范围采用"分级布网、逐级控制"的原则，建立国家级的平面和高程控制网，作为科学研究、工程建设的依据。

6.1.2.1 国家平面控制网

国家平面控制网有采用三角测量的方法建立的三角网，采用精密导线测量建立的导线网，这属于传统大地控制网。随着全球导航卫星系统（GNSS）的发展，采用卫星定位来进行卫星大地控制网的建立。

1. 三角测量

三角测量是在地面上选择若干控制点组成一系列三角形，三角形的顶点即为三角点，如图 6.1 所示，三角网的施测方法有三种，分别是测角网、测边网、边角网，测角网就是外业观测三角形的内角，并精密测定起始边（基线）的边长和方位角，根据起始点坐标推算出各三角点的平面坐标；测边网就是外业观测三角形的边长从而推算三角点的坐标；边角网就是外业观测三角形的内角及边长从而推算三角点的坐标。

三角形向某一方向推进而连成锁状的控制网称为三角锁，如图 6.1 (a) 所示；三角形向四周扩展而连成网状的控制网称为三角网，如图 6.1（b）所示。

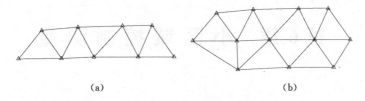

（a）   （b）

图 6.1　三角锁和三角网

国家平面控制网按其精度的高低，分为一等、二等、三等、四等四个等级，一等精度最高，四等精度最低，采用逐级控制、逐级加密的形式布设，如图 6.2 所示。

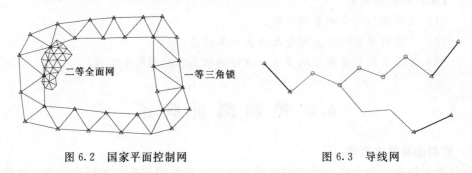

图 6.2　国家平面控制网   图 6.3　导线网

2. 精密导线

在通视困难的地区，采用精密导线测量来代替相应等级的三角测量。特别是电磁波测距仪的出现，为精密导线测量创造了便利条件。

导线测量是将一系列地面点组成折线形状，如图 6.3 所示，观测导线的转折角及导线边长，根据起始坐标和方位角来推算各导线点的平面坐标。精密导线测量也分为四个等级，即一等、二等、三等、四等。

国家等级导线主要技术指标见表 6.1。

表 6.1　　　　　　　　　　　　　　国家等级导线主要技术指标

等级	导线长度 /km	导线节长度 /km	导线边长度 /km	导线节边数	转折角测角 中误差/(″)	边长测定 相对中误差
一	1000～2000	100～150	10～30	<7	±0.7	<1∶250000
二	500～1000	100～150	10～30	<7	±1.0	<1∶200000
三		附合导线<200	7～20	<20	±1.8	<1∶150000
四		附合导线<150	4～15	<20	±2.5	<1∶100000

3. GNSS 控制网

根据国家标准《全球定位系统（GPS）测量规范》（GB/T 18314—2009），GPS 测量按其精度分为 A、B、C、D、E 五级。A 级 GPS 网由卫星连续运行基准站构成，用于建立国家一等大地控制网；B 级 GPS 测量主要用于建立国家二等大地控制网；C 级 GPS 测量用于建立三等大地控制网；D 级 GPS 测量用于建立四等大地控制网；E 级 GPS 测量用于测图、施工等控制网。

6.1.2.2 国家高程控制网

国家高程控制网也是遵循"由高级到低级，逐级控制"的原则来布设的，即在全国范围内布设一等、二等、三等、四等水准路线，一等精度最高，四等精度最低。一等水准路线是国家高程控制网的骨干，应沿地质构造稳定、路面坡度平缓的交通路线布设；二等是在一等的基础上进行加密，它是国家高程控制的全面基础；三等、四等水准路线是在一等、二等水准网的基础上加密，直接为地形测图和各种工程建设提供高程依据。

6.1.3 小区域平面控制网

1. 首级控制网

对于小区域城市规划或工程建设中，需要建立城市控制网和工程控制网，这两类控制网与国家基本控制网比较，边长短、精度高、范围小，它可以在国家基本控制网的基础上加密，在国家基本控制网不能满足其要求时，也可以单独建立成独立的城市或工程控制网，其首级控制等级应根据城市或工程建设的规模而定。

2. 图根控制网

工程建设中常常需要测量大比例尺地形图，为了满足测绘地形图的需要，必须在首级控制网的基础上加密测图控制点（图根点），《工程测量规范》（GB 50026—2007）中规定测图控制点的密度见表 6.2。

表 6.2   一般地区解析图根点的数量

测图比例尺	图幅尺寸 /(cm×cm)	解析图根点数量		
		全站仪测图	GPS-RTK 测图	平板测图
1:500	50×50	2	1	8
1:1000	50×50	3	1~2	12
1:2000	50×50	4	2	15
1:5000	40×40	6	3	30

图根控制网可采用导线、小三角、交会法等形式进行测量。

由于图根控制测量的特点是范围小，边长较短，精度要求相对较低，因而图根点标志一般采用木桩或埋设简易混凝土标石。

6.1.4 小区域高程控制网

小区域高程控制的目的是为了布设测区的高程控制点，作为测绘地形图的高程依据。小区域高程控制网常采用四等水准、五等水准、图根水准和三角高程测量等方法进行施测。

6.2 图根导线测量

6.2.1 图根导线测量概述

导线测量是图根控制的常用方法，图根导线的布设形式有三种形式。

1. 闭合导线

如图 6.4 所示，由已知控制点 A、B 的 B 点为起点，α_{AB} 为已知方向，经过若干个导线点 1、2、3、4 组成的连续折线，最后回到已知控制点 B 和已知方向 α_{AB}，形成一个闭合多边形，称为闭合导线。

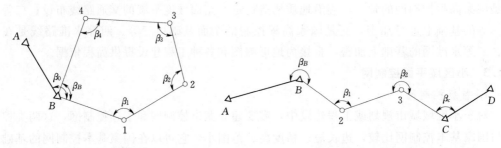

图 6.4　闭合导线　　　　　　　　图 6.5　附合导线

2. 附合导线

如图 6.5 所示，由已知控制点 B 为起点，α_{AB} 为已知方向，经过若干个导线点 2、3，最后终止于另一已知控制点 C，称为附合导线。

3. 支导线

如图 6.6 所示，由已知控制点 B 为起点，α_{AB} 为已知方向，形成自由延伸的导线，既不闭合于已知控制点 B，也不附合在另外一个已知控制点上，称为支导线。

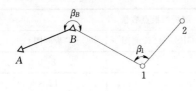

图 6.6　支导线

6.2.2　导线测量的外业工作

导线测量的外业工作包括踏勘选点（埋设标志）、角度观测、边长测量和导线定向四个方面。

1. 踏勘选点

首先了解测区基本情况和收集原有资料，包括测区的范围及地形起伏情况、高等级控制点的分布情况及有关比例尺的地形图。在已有的地形图上初步拟定控制点的位置和导线的布设形式，然后到实地上落实并标定点位。对于面积较小的测区，亦可直接到实地选择并标定点位。点位的选择应符合下述要求：

（1）导线点应选在土质坚实、视野开阔、便于安置仪器和施测的地方。

（2）相邻导线点应互相通视，以便于测角和测距。

（3）导线点应均匀分布在测区内，相邻两导线边长应大致相等，以防测角时因望远镜调焦幅度过大引起测角误差。

（4）导线点的密度合理，应满足测图或施工测量的需要。

点位选好后，做好标记，并按前进顺序编写点名或点号。为了便于日后寻找，应量出导线点与附近固定的明显地物点的距离，绘一草图（示意图），这种图称为"点之记"。

2. 角度观测

导线的转折角采用测回法观测。转折角有左、右角之分，在导线前进方向左侧的水平角称为左角。在导线前进方向右侧的水平角称为右角。导线测量一般测量左角，闭合导线测量内角。

导线的等级不同，测角技术要求也不同，导线测量，宜采 6″级仪器 1 测回测定水平角，上下半测回差不超过 24″，《工程测量规范》（GB 50026—2007）中其主要技术要求不应超过表 6.3 的规定。

表 6.3　　　　　　　　　　　　图根导线测量的主要技术要求

导线长度	相对闭合差	测角中误差/(″)		方位角闭合差/(″)	
		一般	首级控制	一般	首级控制
$\leqslant a \times M$	$\leqslant 1/(2000 \times a)$	30	20	$60\sqrt{n}$	$40\sqrt{n}$

注　1. a 为比例系数，取值宜为 1，当采用 1:500、1:1000 比例尺测图时，其值可在 1～2 之间选用。

2. M 为测图比例尺分母，对于工矿区现状图测量，不论测图比例尺大小，M 均应取值为 500。

3. 隐蔽或施测困难地区导线相对闭合差可放宽，但不应大于 $1/(1000 \times a)$。

3. 边长测量

导线边长的测量可以采用钢尺量距和电磁波测距，不论采用何种方法测距，要求测距精度不大于 1/2000。

4. 导线定向

导线定向可分为两种情况：第一种是与高级控制点相连接的导线，如图 6.4 所示，该闭合导线与 AB 已知边相连接，所以需要测定连接角 β_0 进行定向。如图 6.5 所示，该附合导线需要测定连接角 β_B、β_C 进行定向。第二种是独立导线，即没有与高级控制点相连接，要在第一个导线点上用罗盘仪测出第一条边的磁方位角 A_m 进行定向，并假定第一点的坐标。

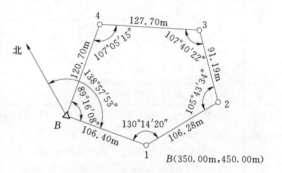

图 6.7　闭合导线计算示意图

6.2.3　导线测量的内业计算

导线测量外业结束后，就要进行导线内业计算。在内业计算之前，要全面检查外业观测数据有无遗漏，记录计算是否正确，成果是否符合限差要求，以免造成不必要的计算返工。还要根据外业成果绘制导线计算示意图，如图 6.7 所示，示意图上应注明导线点点号、相应的角度和边长，起始方位角及起算点的坐标。

6.2.3.1　闭合导线计算

将图 6.7 的外业观测数据及已知数据填写于表 6.4 的相应栏目里。

闭合导线是由折线组成的多边形，因而闭合导线必须满足两个几何条件：一个是多边形内角和条件；另一个是坐标条件，即从起算点开始，逐点推算导线点的坐标，最后回到起算点，由于是同一个点，因而推算出的坐标应该等于已知坐标。闭合导线计算的步骤如下。

1. 角度闭合差的计算与调整

由平面几何知识可知，n 条边的多边形，内角和的理论值应为

$$\sum \beta_{理} = (n-2) \times 180° \tag{6.1}$$

表 6.4　　　　　　　　　　　　　　　　　闭 合 导 线 计 算 表

点号	观测角 /(° ′ ″)	改正后角值 /(° ′ ″)	坐标方位角 /(° ′ ″)	距离 /m	坐标增量/m Δx	坐标增量/m Δy	坐标值/m x	坐标值/m y
1	2	3	4	5	6	7	8	9
B							350.00	450.00
			138　57　53	106.40	−0.01 −80.26	+69.85		
1	+4 130　14　20	130　14　24					269.73	519.85
			89　12　17	106.28	−0.01 +1.48	+106.27		
2	+4 105　43　34	105　43　38					271.20	626.12
			14　55　55	91.19	−0.01 +88.11	+23.50		
3	+5 107　40　22	107　40　27					359.30	649.62
			302　36　22	127.70	−0.02 +68.81	−107.57		
4	+4 107　05　15	107　05　19					428.09	542.05
			229　41　41	120.70	−0.01 −78.08	−92.05		
B	+4 89　16　08	89　16　12					350.00	450.00
			138　57　53					
1								
Σ	539　59　39	540　00　00		552.27	+0.06	0		
辅助 计算	$f_\beta = \sum\beta_测 - (n-2)\times180° = 539°59'39'' - (5-2)\times180° = -21''$ $f_{\beta容} = \pm60''\sqrt{n} = \pm60''\sqrt{5} \approx 134''$ $f_x = \sum\Delta x_测 = +0.06\text{m}$　　$f_y = \sum\Delta y_测 = 0\text{m}$ $f_D = \sqrt{f_x^2 + f_y^2} = \sqrt{(+0.06)^2 + (0)^2} = 0.06(\text{m})$ $K = \dfrac{f_D}{\sum D} = \dfrac{1}{\frac{\sum D}{f_D}} = \dfrac{1}{\frac{552.27}{0.06}} \approx \dfrac{1}{9204}$							

由于在角度观测过程中不可避免地会产生误差，观测得到内角总和 $\sum\beta_测$ 不等于内角和的理论值 $\sum\beta_理$，两者的差值称为角度闭合差。角度闭合差用 f_β 表示，则

$$f_\beta = \sum\beta_测 - \sum\beta_理 \tag{6.2}$$

该闭合导线观测得到的内角和为

$$\sum\beta_测 = 539°59'39''$$

该闭合导线是五边形，所以其内角和的理论值为

$$\sum\beta_理 = (n-2)\times180° = (5-2)\times180° = 540°$$

所以，其角度闭合差为

$$f_\beta = \sum\beta_测 - \sum\beta_理 = 539°59'39'' - 540° = -21''$$

角度闭合差 f_β 的大小在一定程度上标志着测角的精度。图根控制时，角度闭合差的容许值取

$$f_{\beta容} = \pm60''\sqrt{n}$$

本例中

$$f_{\beta容} = \pm 60'' \sqrt{n} = \pm 60'' \sqrt{5} \approx 134''$$

很显然本导线的角度闭合差不大于容许值,那么,将闭合差按相反符号平均分配到观测角中。每个角度的改正数用 v_β 表示,则

$$v_\beta = -\frac{f_\beta}{n} \qquad (6.3)$$

式中　f_β——角度闭合差,(″);

　　n——闭合导线内角个数。

如果 f_β 的数值不能被 n 整除而有余数时,可将余数调整分配在短边的邻角上,使调整后的内角和等于 $\sum\beta_理$。

如果角度闭合差超过容许值,应分析原因,进行外业局部或全部返工。

本例的角度闭合差改正数为

$$v_\beta = -\frac{f_\beta}{n} = -\frac{-21''}{5} \approx 4''$$

角度闭合差改正数写在表 6.4 的第 2 列观测值秒值的上方,然后计算改正后的角度,填写在表 6.4 的第 3 列。改正后角值的和应该等于其理论值,据此可检核计算的正确性。

2. 导线边方位角的推算

由起算边方位角,再结合改正后的角值,按左角或右角公式推算各边的方位角,即

左角公式及右角公式

$$\alpha_前 = \alpha_后 + \beta_左 \pm 180°$$

$$\alpha_前 = \alpha_后 - \beta_右 + 180°$$

例如图 6.7 中 B1 边的方位角为

$$\alpha_{B1} = 138°57'53''$$

采用左角公式计算 12 边的方位角

$$\alpha_{12} = \alpha_{B1} + \beta_1 \pm 180° = 138°57'53'' + 130°14'24'' - 180° = 89°12'17''$$

其他边的方位角计算见表 6.4 中的第 4 列,最后推算的 B1 边的方位角应该与其已知数值相等,如不等,表示方位角推算有错误,应查明原因,加以改正。

3. 坐标增量的计算

按坐标增量计算公式计算,即

$$\left.\begin{array}{l} \Delta x_i = D_i \cdot \cos\alpha_i \\ \Delta y_i = D_i \cdot \sin\alpha_i \end{array}\right\} \qquad (6.4)$$

例如图 6.7 中 B1 边的坐标增量为

$$\Delta x_{B1} = D_{B1} \cdot \cos\alpha_{B1} = 106.40 \times \cos 138°57'53'' = -80.26(\text{m})$$

$$\Delta y_{B1} = D_{B1} \cdot \sin\alpha_{B1} = 106.40 \times \sin 138°57'53'' = +69.85(\text{m})$$

其他边的坐标增量计算见表 6.4 第 6、7 两列。计算单位取至厘米。

4. 坐标增量闭合差的计算与调整

闭合导线每一条边的坐标增量计算出来之后,如图 6.8 所示,由于闭合导线是从一个已知点通过待测点最后闭合到同一个点上,所以,其各边纵、横坐标增量的代数和在理论

上应等于零，即

$$\left.\begin{array}{l} \sum \Delta x_{\text{理}}=0 \\ \sum \Delta y_{\text{理}}=0 \end{array}\right\} \tag{6.5}$$

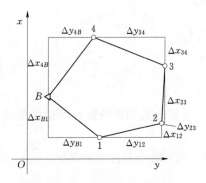　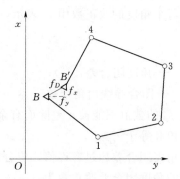

图 6.8　导线坐标增量代数和　　　　图 6.9　导线坐标增量闭合差

由于角度和边长测量均存在误差，尽管已经进行了角度闭合差的调整，但调整后的角值和真值还是有差距，所以，由边长、方位角计算出的纵、横坐标增量，其代数和 $\sum \Delta x_{\text{测}}$、$\sum \Delta y_{\text{测}}$ 与其理论值有差距。这个差值即是纵、横坐标增量闭合差，如图 6.9 所示，则

$$\left.\begin{array}{l} f_x=\sum \Delta x_{\text{测}}-\sum \Delta x_{\text{理}}=\sum \Delta x_{\text{测}}-0=\sum \Delta x_{\text{测}} \\ f_y=\sum \Delta y_{\text{测}}-\sum \Delta y_{\text{理}}=\sum \Delta y_{\text{测}}-0=\sum \Delta y_{\text{测}} \end{array}\right\} \tag{6.6}$$

本例中

$$f_x=\sum \Delta x_{\text{测}}=+0.06\text{m}$$

$$f_y=\sum \Delta y_{\text{测}}=0\text{m}$$

由于纵、横坐标增量闭合差的存在，使闭合导线由 B 点出发最后不是闭合到 B 点，而是落在 B' 点，产生了一段差距 BB'，这段差距称为导线全长闭合差。如图 6.9 所示。

$$f_D=\sqrt{f_x^2+f_y^2} \tag{6.7}$$

本例中

$$f_D=\sqrt{f_x^2+f_y^2}=\sqrt{(+0.06)^2+0^2}=0.06（\text{m}）$$

导线全长闭合差 f_D 主要由量边误差引起，一般来说，导线越长，全长闭合差也越大，因而单纯用导线全长闭合差 f_D 还不能正确反映导线测量的精度，通常采用 f_D 与导线全长 $\sum D$ 的比值来表示，写成分子为 1 的形式，称为导线全长相对闭合差 K，来衡量导线测量精度，则

$$K=\frac{f_D}{\sum D}=\frac{1}{\sum D/f_D} \tag{6.8}$$

本例中

$$K = \frac{f_D}{\sum D} = \frac{1}{\dfrac{\sum D}{f_D}} = \frac{1}{\dfrac{552.27}{0.06}} \approx \frac{1}{9204}$$

可从图根导线测量技术要求表 6.3 中知道,一般情况下,K 值不应超过 1/2000;困难地区也不应超过 1/1000,若 K 值不满足限差要求,首先检查内业计算有无错误,其次检查外业成果,若均不能发现错误,则应到现场重测可疑成果或全部重测;若 K 值满足限差要求,可进行坐标增量闭合差的调整。

由于坐标增量闭合差主要由边长误差引起的,而边长误差大小与边长的长短有关,因此坐标增量闭合差的调整方法是将增量闭合差 f_x、f_y 反号,按与边长成正比分配于各个坐标增量上。

则其纵、横坐标增量改正数分别为

$$\left.\begin{aligned} v_{\Delta xi} &= -\frac{f_x}{\sum D} D_i \\ v_{\Delta yi} &= -\frac{f_y}{\sum D} D_i \end{aligned}\right\} \tag{6.9}$$

改正数的计算值写于各边坐标增量计算值的上方。它们的总和应与坐标增量闭合差数值相等、符号相反,以此进行检核。

改正后的 $\sum \Delta x$、$\sum \Delta y$ 应该等于零,以此进行检核,如不等表示计算有错误。

5. 导线点坐标计算

坐标增量调整后,可根据起算点的坐标和调整后的坐标增量,逐点计算导线的坐标,计算公式为

$$\left.\begin{aligned} x_{前} &= x_{后} + \Delta x_i \\ y_{前} &= y_{后} + \Delta y_i \end{aligned}\right\} \tag{6.10}$$

式中　　$x_{前}$、$y_{前}$——第 i 边前一点的纵、横坐标,m;

　　　　$x_{后}$、$y_{后}$——第 i 边后一点的纵、横坐标,m;

　　　　Δx_i、Δy_i——第 i 边的纵、横坐标增量,m。

按上式计算导线各点的坐标,写于表 6.4 第 8、9 列中。

6.2.3.2　附合导线计算

附合导线的计算与闭合导线的计算基本相同,现将其不同说明如下。

1. 角度闭合差的计算不同

附合导线不是闭合多边形,其角度闭合差的产生,是从起算边方位角经过转折角推算到终边方位角,其推算的终边方位角的数值与终边方位角的已知值的差距就是附合导线的角度闭合差,称为方位角闭合差。

如图 6.10 所示,设 A、B、C、D 为已知点,α_{AB} 为起算边方位角、α_{CD} 为终边方位角,则

$$\alpha_{12} = \alpha_{AB} + \beta_1 - 180°$$
$$\alpha_{23} = \alpha_{12} + \beta_2 - 180° = \alpha_{AB} + (\beta_1 + \beta_2) - 2 \times 180°$$
$$\alpha_{34} = \alpha_{23} + \beta_3 - 180° = \alpha_{AB} + (\beta_1 + \beta_2 + \beta_3) - 3 \times 180°$$
$$\vdots$$

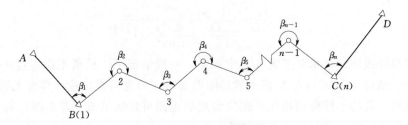

图 6.10 附合导线计算图

$$\alpha'_{CD} = \alpha_{(n-1)n} + \beta_n - 180° = \alpha_{AB} + (\beta_1 + \beta_2 + \cdots + \beta_n) - n \times 180°$$

则

$$\alpha'_{CD} = \alpha_{AB} + \sum_{i=1}^{n} \beta_i - n \times 180° \qquad (6.11)$$

所以方位角闭合差为

$$f_\beta = \alpha'_{CD} - \alpha_{CD} \qquad (6.12)$$

写成一般形式为

$$f_\beta = \alpha_{起} + \sum_{i=1}^{n} \beta_i - n \times 180° - \alpha_{终} \qquad (6.13)$$

式中 n——转折角个数；

$\quad\alpha_{起}$——附合导线的起算边方位角；

$\quad\alpha_{终}$——附合导线的终边方位角；

$\quad f_\beta$——方位角闭合差。

2. 坐标增量闭合差的计算不同

附合导线是从一个已知点出发，附合到另一个已知点，因此纵、横坐标增量的代数和理论上应等于起、终两已知点间的坐标增量，如不相等，其差值即为附合导线的坐标增量闭合差，计算公式为

$$\left.\begin{array}{l} f_x = \sum \Delta x_{测} - (x_{终} - x_{起}) \\ f_y = \sum \Delta y_{测} - (y_{终} - y_{起}) \end{array}\right\} \qquad (6.14)$$

3. 附合导线计算实例

如图 6.11 附合导线计算示意图，该附合导线有 A、B、C、D 四个已知点，其已知坐标 A（2220.13m，2347.46m）、B（2255.77m，2474.74m）、C（2186.31m，2733.22m）、D（2238.11m，2814.60m），1、2 点为待测点，其导线坐标计算见表 6.5。

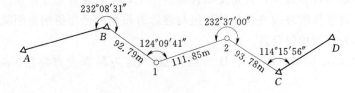

图 6.11 附合导线计算示意图

6.2.3.3 支导线的坐标计算

支导线只有一端与已知点相连，而另一端不闭合于同一点，也不附合到另外的已知点

上，因而没有几何条件约束，其坐标计算不用进行角度闭合差和坐标增量闭合差的计算与调整，直接由各边的边长和方位角求坐标增量，最后依次推算各点的坐标。

表 6.5 附 合 导 线 计 算 表

点号	观测角 /(° ′ ″)	改正后角值 /(° ′ ″)	坐标方位角 /(° ′ ″)	距离 /m	坐标增量/m		坐标值/m	
					Δx	Δy	x	y
1	2	3	4	5	6	7	8	9
A							2220.13	2347.46
			74 21 26					
B	−18 232 08 31	232 08 13					2255.77	2474.74
			126 29 39	92.79	−0.03 +55.19	−0.02 +74.60		
1	−19 124 09 41	124 09 22					2200.61	2549.32
			70 39 01	111.85	+0.05 +37.06	−0.03 +105.53		
2	−18 232 37 00	232 36 42					2237.72	2654.82
			123 15 43	93.78	+0.03 −51.44	−0.02 +78.42		
C	−18 114 15 56	114 15 38					2186.31	2733.22
			57 31 21					
D							2238.11	2814.60
Σ	703 11 08	703 09 55		298.42	−69.57	+258.55		

辅助计算

$\alpha'_{CD} = \alpha_{AB} + \sum\beta_测 - n\times180° = 74°21'26'' + 703°11'08'' - 4\times180° = 57°32'34''$

$f_\beta = \alpha'_{CD} - \alpha_{CD} = 57°32'34'' - 57°31'21'' = 0°01'13''$

$f_{\beta容} = \pm60''\sqrt{n} = \pm60''\sqrt{4} \approx 120''$

$f_x = \sum\Delta x_测 - (x_C - x_B) = -69.57 - (2186.31 - 2255.77) = -0.11(m)$

$f_y = \sum\Delta y_测 - (y_C - y_B) = 258.55 - (2733.22 - 2474.74) = +0.07(m)$

$f_D = \sqrt{f_x^2 + f_y^2} = \sqrt{(-0.11)^2 + (+0.07)^2} = 0.13(m)$

$K = \dfrac{f_D}{\sum D} = \dfrac{1}{\dfrac{\sum D}{f_D}} = \dfrac{1}{\dfrac{298.42}{0.13}} \approx \dfrac{1}{2295}$

6.3 交会测量的布设、观测与计算

当测区内已有控制点的数量不能满足测图或施工放样需要时，经常采用交会法测量来加密控制点。根据观测元素的性质不同，传统交会法测量可分为测角交会和测边交会两大方式。由于目前全站仪的普遍使用，交会测量的后方交会在加密测站点的时候应用比较广泛。

6.3.1 余切公式

如图 6.12 所示，设 A、B 两点坐标已知，α、β 角已知，计算 P 点坐标。下面不加推导给出余切公式。

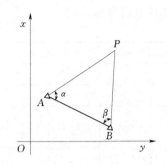

图 6.12　余切公式计算示意图

$$x_P = \frac{x_A\cot\beta + x_B\cot\alpha + y_B - y_A}{\cot\alpha + \cot\beta}$$

$$y_P = \frac{y_A\cot\beta + y_B\cot\alpha + x_A - x_B}{\cot\alpha + \cot\beta}$$

$$(6.15)$$

注意，余切公式计算时要求 ABP 逆时针编号。

6.3.2　前方交会

1. 前方交会的概念

如图 6.13（a）所示，在两个已知控制点 A、B 上，观测 α_1、β_1 两个水平角，从而推算待定点 P 的坐标，这种方法称为前方交会，为了提高施测精度及检核，实际工作中，常采用另外一个已知控制点 C 点与 B 点组合，观测 α_2、β_2 两个水平角，再次推算待定点 P 的坐标，推算出的两组坐标的较差必须满足限差要求，在满足要求的情况下，取其平均值作为最后的结果。

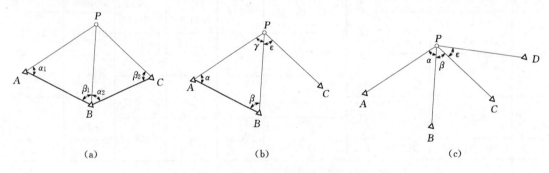

　　　　（a）　　　　　　　　　（b）　　　　　　　　　（c）

图 6.13　测角交会示意图

2. 前方交会的施测及计算

（1）在需要加密控制点的位置选定交会点 P，选点时，待定点的交会角应在 $30°\sim150°$ 之间，并在现场将点位标定出来。

（2）观测 α_1、β_1、α_2、β_2 四个水平角，水平角观测采用 J_2 型仪器观测两个"半测回"，采用 J_6 型仪器观测两个测回。

（3）采用余切公式计算两组坐标。

通过 A、B 两点计算 P 点第一组坐标 $P'(x'_P，y'_P)$。

$$x'_P = \frac{x_A\cot\beta_1 + x_B\cot\alpha_1 + y_B - y_A}{\cot\alpha_1 + \cot\beta_1}$$

$$y'_P = \frac{y_A\cot\beta_1 + y_B\cot\alpha_1 + x_A - x_B}{\cot\alpha_1 + \cot\beta_1}$$

通过 B、C 两点计算 P 点第二组坐标 $P''(x''_P，y''_P)$。

$$x''_P = \frac{x_B\cot\beta_2 + x_C\cot\alpha_2 + y_C - y_B}{\cot\alpha_2 + \cot\beta_2}$$

$$y''_P = \frac{y_B\cot\beta_2 + y_C\cot\alpha_2 + x_B - x_C}{\cot\alpha_2 + \cot\beta_2}$$

（4）计算两组坐标较差。

$$f_s = \pm \sqrt{(x_P' - x_P'')^2 + (y_P' - y_P'')^2} \tag{6.16}$$

$$f_s \leqslant f_{s容} = 0.2M\text{mm} \ 或 \ 0.3M\text{mm}$$

式中　M——测图比例尺分母。

坐标较差符合要求后，计算坐标中数，如不符合要求，查找原因。

（5）计算坐标中数。

$$x_P = \frac{x_P' + x_P''}{2}$$

$$y_P = \frac{y_P' + y_P''}{2}$$

6.3.3　侧方交会

1. 侧方交会的概念

如图 6.13（b）所示，A、B、C 为已知控制点，侧方交会有两种形式，一种是在控制点 A 上观测 α 角，待测点 P 上观测 γ 角，从而解算待测点 P 点坐标；另一种是在控制点 B 上观测 β 角，待测点 P 上观测 γ 角，解算待测点 P 点坐标。为了校核施测精度，需要测定校核角 ε。

2. 侧方交会的施测及计算

（1）在需要加密控制点的位置选定交会点 P，选点时，待定点的交会角应在 $30°\sim150°$ 之间，并在现场将点位标定出来。

（2）以上述第一种形式为例说明，观测 α、γ 和校核角 ε。观测要求与上述前方交会相同。

（3）计算坐标。首先计算 β 角，然后采用余切公式计算 P 点坐标。

$$\beta = 180° - (\alpha + \gamma)$$

$$x_P = \frac{x_A\cot\beta + x_B\cot\alpha + y_B - y_A}{\cot\alpha + \cot\beta}$$

$$y_P = \frac{y_A\cot\beta + y_B\cot\alpha + x_A - x_B}{\cot\alpha + \cot\beta}$$

（4）校核计算。ε 角由于是 B、C 两个已知控制点与 P 点组成的夹角，所以其可以计算得出

$$\varepsilon_算 = \alpha_{PB} - \alpha_{PC} \tag{6.17}$$

设外业观测的 ε 角记为 $\varepsilon_测$，则

$$\Delta\varepsilon = \varepsilon_算 - \varepsilon_测 \tag{6.18}$$

一般规定

$$\Delta\varepsilon_容 = \frac{2 \times 0.1M}{D_{PC}} \times \rho''(\text{mm}) \tag{6.19}$$

式中　M——测图比例尺分母。

当 $\Delta\varepsilon \leqslant \Delta\varepsilon_容$，表示符合精度要求，则第（3）步骤计算出来的坐标值即为 P 点坐标，如不符合，查找是算错还是观测精度不够。

6.3.4 后方交会

如图 6.13（c）所示，A、B、C 为已知控制点，在待定点 P 上照准三个已知控制点，观测 α、β 角，从而计算 P 点坐标。这种方法称为后方交会，为了校核施测精度，与侧方交会校核相同，加测校核角 ε。以上是属于测角后方交会。

目前，由于全站仪在测量工作中的广泛应用，测量距离进行后方交会定位，其应用越来越广泛。它的基本概念就是全站仪安置在未知点上，利用观测两个已知控制点的角度和距离，或通过观测三个点的角度来进行测站点的定位，可通过执行后方交会程序将测站点坐标计算出来。此项功能使用时请查找相关仪器说明书。

6.4 三等、四等水准测量

6.4.1 三等、四等水准测量技术要求

在地形测图和施工测量中，常常以三等、四等水准测量方法建立高程控制网。三等、四等水准点的高程应从附近的一等、二等水准点引测，进行高程控制测量前，首先根据精度要求和施工需求在测区布置一定密度的水准点，水准点标志及标石的埋设应符合相关规范要求。水准测量的主要技术要求见表 6.6。

表 6.6　　　　　　　　　三等、四等水准测量主要技术要求

等级	水准仪型号	视线高度	视线长度/m	前后视距差/m	前后视距累计差/m	红黑面读数差/mm	红黑面高差之差/mm	附合或环线闭合差	
								平原	山区
三等	DS$_3$	三丝能读数	≤75	≤2	≤5	≤2	≤3	$\pm12\sqrt{L}$	$\pm4\sqrt{n}$
四等	DS$_3$	三丝能读数	≤100	≤3	≤10	≤3	≤5	$\pm20\sqrt{L}$	$\pm6\sqrt{n}$

6.4.2 四等水准测量外业观测、记录、计算及检核

1. 观测程序和记录方法

四等水准测量的常用仪器和工具为 DS$_3$ 型水准仪和双面水准尺。为消除尺底因磨损的零点差影响，每测段的测站数应为偶数。

每一测站上，先安置水准仪，概略整平后分别瞄准前后水准尺，估读视距，最大视距不应超过 100m，前后视距差应不超过 3m。如不符合要求需要调整前视点位置或仪器位置。然后按下述步骤进行观测和记录。记录格式见表 6.7。

（1）照准后视尺黑面，调整水准管气泡居中，读取下丝（1）、上丝（2）、中丝（3），记录。

（2）照准后视尺红面，调整水准管气泡居中，读取中丝读数（4），记录。

（3）照准前视尺黑面，调整水准管气泡居中，读取下丝（5）、上丝（6）、中丝（7），记录。

（4）照准前视尺红面，调整水准管气泡居中，读取中丝读数（8），记录。

以上观测程序简称为"后—后—前—前"。所有读数以"m"为单位，读记至"mm"。观测完毕后应立即进行测站的计算与检核，符合要求后方可迁站，不符合要求须重新观测。

表 6.7　　　　　　　　　　　　　四等水准测量观测记录

测站编号	后尺		前尺		方向及尺号	标尺读数		K+黑—红	高差中数	备注
	下丝		下丝			黑	红			
	上丝		上丝							
	后距		前距							
	视距差		累计差							
	(1)		(5)		后	(3)	(4)	(13)		
	(2)		(6)		前	(7)	(8)	(14)		
	(9)		(10)		后—前	(15)	(16)	(17)	(18)	
	(11)		(12)							
1	1.448		1.552		后 6	1.254	5.942	−1	−0.1015	
	1.064		1.160		前 7	1.355	6.144	−2		
	38.4		39.2		后—前	−0.101	−0.202	+1		
	−0.8		−0.8							
2	1.043		1.398		后 7	0.898	5.685	0	−0.3455	
	0.759		1.098		前 6	1.244	5.930	+1		
	28.4		30.0		后—前	−0.346	−0.245	−1		
	−1.6		−2.4							
3	1.308		1.057		后 6	1.158	5.844	+1	0.2520	
	1.004		0.759		前 7	0.905	5.693	−1		
	30.4		29.8		后—前	0.253	0.151	+2		
	+0.6		−1.8							
4	1.511		1.030		后 7	1.366	6.153	0	0.4710	
	1.227		0.762		前 6	0.895	5.582	0		
	28.4		26.8		后—前	0.471	0.571	0		
	+1.6		−0.2							
	Σ(9)	125.6	Σ(3)	Σ(4)	4.676	23.624			0.2760	
	Σ(10)	125.8	Σ(7)	Σ(8)	4.399	23.349				
	Σ(11)	−0.2	Σ(15)	Σ(16)	0.277	0.275	Σ(18)		
	L	251.4	$[\Sigma(15)+\Sigma(16)]/2=0.276=\Sigma(18)$							

2. 测站计算与检核

(1) 视距部分。

后视距：$(9)=[(1)-(2)]\times100$。

前视距：$(10)=[(5)-(6)]\times100$。

前后视距差：$(11)-(9)-(10)$，绝对值不应超过 3.0m。

前后视距累积差：(12)＝本站(11)＋前站(12)，绝对值不应超过 10.0m。

(2) 高差部分。

后尺黑红面读数差：(13)＝K_1＋(3)－(4)，以 mm 为单位，绝对值不应超过 3mm。

前尺黑红面读数差：(14)＝K_2＋(7)－(8)，以 mm 为单位，绝对值不应超过 3mm。

K_1、K_2 为尺常数，其值为 4.687m 或 4.787m。

黑面高差：

$$(15)＝(3)－(7)$$

红面高差：

$$(16)＝(4)－(8)$$

黑红面高差之差：(17)＝(15)－[(16)±0.1]＝(13)－(14)，以 mm 为单位，绝对值不应超过 5mm。

由于两水准尺红面起点读数相差±0.1m（即 4.687m 与 4.787m 之差），因此红面测得的高差应加上或减去 0.1m 才等于实际高差。是加还是减以黑面高差为准来确定。

黑红面高差中数：(18)＝{(15)＋[(16)±0.1]}/2，取位至 0.0001m。

3. 测段计算与校核

一个测段所有测站的观测、记录、计算、校核全部完成后，立即进行测段的计算与校核。测段计算与校核的项目如下。

(1) 视距部分。

测段后距全长：$\sum(9)$。

测段前距全长：$\sum(10)$。

测段视距累积差：$\sum(11)$。检核：$\sum(11)＝\sum(9)－\sum(10)＝$本测段末站的(12)。

测段全长 L：$L＝\sum(9)＋\sum(10)$。

(2) 高差部分。

测段后尺黑面读数和：$\sum(3)$。

测段后尺红面读数和：$\sum(4)$。

测段前尺黑面读数和：$\sum(7)$。

测段前尺红面读数和：$\sum(8)$。

测段黑面高差：$\sum(15)$，检核：$\sum(15)＝\sum(3)－\sum(7)$

测段红面高差：$\sum(16)$，检核：$\sum(16)＝\sum(4)－\sum(8)$

测段高差中数：$\sum(18)$，检核：

$$\sum(18)＝[\sum(15)＋\sum(16)]/2（测站数为偶数时）$$
$$\sum(18)＝\{\sum(15)＋[\sum(16)±0.1]\}/2（测站数为奇数时）$$

6.4.3　四等水准高程计算

四等水准测量高程计算与第 2 章所讲的普通水准测量的高程计算方法相同，区别在于高差闭合差的限差不同，限差要求见表 6.6。

如图 6.14 所示，为一附合水准路线外业观测示意图，其高程计算见表 6.8。

6.4.4 三等水准测量

三等水准测量与四等水准测量的施测方法基本相同，区别在于视距差、累计差、黑、红面读数差等技术要求不同，详见表6.6，另外，三等水准测量必须采用"后—前—前—后"的观测程序。在此不再详述。

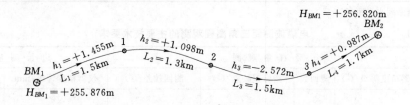

图6.14 四等附合水准路线

表6.8 水准路线高差闭合差调整与高程计算

测段编号	点名	测段长度/km	实测高差/m	改正数/m	改正后高差/m	高程/m
1	2	3	4	5	6	7
1	BM_1					255.876
		1.5	+1.455	−0.006	+1.449	
	1					257.325
2		1.3	+1.098	−0.005	+1.093	
	2					258.418
3		1.5	−2.572	−0.006	−2.578	
	3					255.840
4		1.7	+0.987	−0.007	+0.980	
	BM_2					256.820
Σ		6.0	+0.968	−0.024	+0.944	
辅助计算	$f_h = +0.024\text{m}$ $f_{h容} = \pm 20\sqrt{L}(\text{mm}) = \pm 20\sqrt{6.0} = \pm 48(\text{mm})$ $\|f_h\| < \|f_{h容}\|$					

6.5 三角高程测量

当地面两点间的地形起伏较大不便于进行水准测量时，可应用三角高程测量的方法测定两点间的高差，从而求得待测点的高程。

6.5.1 电磁波测距三角高程测量的主要技术要求

三角高程可采用独立交会高程点、闭合或附合路线进行施测，其主要技术指标见表6.9和表6.10。

表 6.9　　　　　　　　　　　　电磁波测距三角高程测量的主要技术要求

等级	每千米高差全中误差/mm	边长/km	观测方式	对向观测高差较差/mm	附合或环线闭合差/mm
四等	10	≤1	对向观测	$40\sqrt{D}$	$20\sqrt{\sum D}$
五等	15	≤1	对向观测	$60\sqrt{D}$	$30\sqrt{\sum D}$

注　D 为测站间水平距离。

表 6.10　　　　　　　　　　　　电磁波测距三角高程观测的主要技术要求

等级	竖 直 角 观 测				边 长 测 量	
	仪器精度等级/(″)	测回数	指标差较差/(″)	测回较差/(″)	仪器精度等级/mm	观测次数
四等	2	3	≤7	≤7	10	往返各一次
五等	2	2	≤10	≤10	10	往一次

6.5.2　三角高程测量的原理

如图 6.15 所示，在 A 点架设全站仪，B 点架设棱镜，量取仪器高为 i，觇标高 v，测量 A、B 两点的斜距 L，竖直角 α。

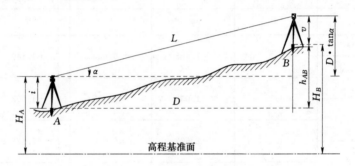

图 6.15　三角高程测量原理

则

$$D = L\cos\alpha \tag{6.20}$$

$$h_{AB} = D \cdot \tan\alpha + i - v \tag{6.21}$$

如果 A 点的高程已知，设为 H_A，则 B 点的高程为

$$H_B = H_A + h_{AB} = H_A + D \cdot \tan\alpha + i - v \tag{6.22}$$

6.5.3　地球曲率和大气折光对三角高程测量的影响

当地面两点间的距离 D 大于 300m 时，就要考虑地球曲率及观测视线受大气垂直折光的影响。地球曲率对高差的影响称为地球曲率差，简称球差。大气折光引起视线成弧线而产生对高差的影响，称为气差。

如图 6.16 所示，来自目标 N 的光线沿弧线 PN 进入望远镜，而望远镜却位于弧线 PN 的切线方向 PM 上，MN 为大气垂直折光带来的高程影响，即为气差。PH 为过 P 点的水准面，PG 为过 P 点的水平面，使用水平面来代替水准面，对高程产生的影响 GH，是因地球曲率而产生的高程误差，即为球差。

由图 6.16 可得

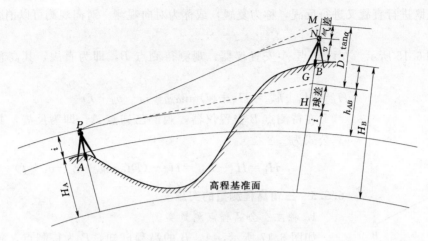

图 6.16 球气差示意图

$$h_{AB} + v + MN = D \cdot \tan\alpha + i + GH$$
$$h_{AB} = D \cdot \tan\alpha + i - v + GH - MN$$

令 $f = GH - MN$，称为球气差，则

$$h_{AB} = D \cdot \tan\alpha + i - v + f \tag{6.23}$$

式（6.23）即为球气差影响的三角高程测量高差计算公式，球差的影响为

$$GN = \frac{D^2}{2R}$$

气差的影响较为复杂，它与气温、气压、地面坡度等因素有关，根据研究，因大气垂直折光而产生的气差为球差的 $1/K$ 倍。

即

$$MM = \frac{D^2}{2KR}$$

$$f = GH - MN = \frac{D^2}{2R} - \frac{D^2}{2KR}$$

一般认为我国境内可取 $K = 7$。

则

$$f = \frac{D^2}{2R} - \frac{D^2}{2 \times 7 \times R} \approx 0.43\frac{D^2}{R} \approx 0.07D^2 \tag{6.24}$$

式中　D——地面两点间的水平距离，100m；

　　　　R——地球平均半径，取 6371km；

　　　　f——球气差，cm。

球气差的影响当水平距离 $D < 300\text{m}$ 时，其影响不足 1cm，所以，一般规定当 $D < 300\text{m}$ 时，不考虑球气差的影响，当 $D > 300\text{m}$ 时，需要计算 f 值对观测高差进行改正。

6.5.4 直觇和反觇的高程计算公式

在已知点上安置仪器，向待测点进行观测，称为直觇。在待测点上安置仪器，向已知点进行观测，称为反觇。在一条边上只进行直觇或反觇，称为单觇，或称为单向观测，在一条边上既进行直觇又进行反觇，称为复觇，或称为对向观测。对向观测可以消除球气差的影响。

如图 6.15 所示，在已知点 A 安置仪器，观测待测点 B，即为直觇，其高程计算公式为

$$H_B = H_A + h_{AB} = H_A + (D\tan\alpha_{AB} + i_A - v_B + f) \tag{6.25}$$

在待测点 B 安置仪器，观测已知点 A，即为反觇，其高程计算公式为

$$H_B = H_A - h_{BA} = H_A - (D\tan\alpha_{BA} + i_B - v_A + f) \tag{6.26}$$

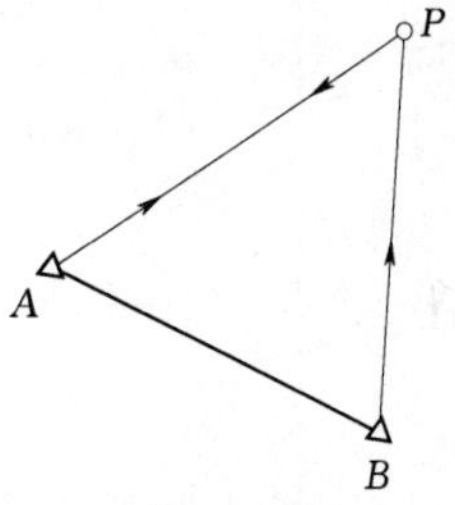

6.5.5 三角高程测量的实施

1. 独立交会高程点测量实例

如图 6.17 所示，A、B 的高程已知，P 为待测点，独立交会点要求三个单觇方向进行观测，此实例中采用了三个单觇方向，分别为 $A{\to}P$ 的直觇、$B{\to}P$ 的直觇、$P{\to}A$ 的反觇，其观测数据及计算见表 6.11。

图 6.17 独立交会高程点示意图

表 6.11 　　　　　　　　　　　独立交会点高程计算表

所 求 点	P		
起始点	A	A	B
觇法	直	反	直
D/m	945.4	945.4	961.4
α	$+2°58'02''$	$-2°57'04''$	$+3°56'08''$
i/m	1.46	1.29	1.35
v/m	1.55	1.60	1.65
f/m	0.06	0.06	0.06
h/m	$+48.97$	-48.98	$+65.90$
$H_起/m$	209.34	209.34	192.44
H_P/m	258.31	258.32	258.34
中数 H_P/m	258.32		

2. 附合三角高程路线测量实例

如图 6.18 所示，A、B 两点高程已知，待测点 B、C，组成附合三角高程路线，每边都进行对向观测，观测数据及计算见表 6.12 和表 6.13。

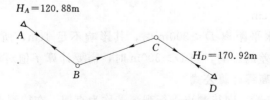

图 6.18 三角高程路线测量

表 6.12 　　　　　　　　　　　三角高程路线高差计算表

测站点	A	B	B	C	C	D
觇点	B	A	C	B	D	C
觇法	直	反	直	反	直	反
D/m	987.34	987.34	678.45	678.45	867.23	867.23
α	+2°06′56″	−2°08′08″	+2°34′21″	−2°34′47″	−1°08′43″	+1°08′47″
i/m	1.57	1.60	1.60	1.57	1.57	1.43
v/m	1.48	1.46	1.46	1.65	1.45	1.65
f/m	0.07	0.07	0.03	0.03	0.05	0.05
h/m	+36.63	−36.61	+30.65	−30.62	−17.17	+17.18
中数 H_P/m	+36.62		+30.63		−17.18	

表 6.13 　　　　　　　　　　　三角高程路线高程计算表

点名	距离/m	实测高差/m	改正数/m	改正后高差/m	高程/m
1	2	3	4	5	6
A					120.88
	987.34	+36.62	−0.01	+36.61	
B					157.49
	678.45	+30.63	−0.01	+30.62	
C					188.11
	867.23	−17.18	−0.01	−17.19	
D					170.92
Σ	2533.02	+50.07	−0.03	+50.04	
校核计算	$f_h = \sum h_测 - (H_D - H_A) = +0.03\text{m}$　$f_{h容} = 20\sqrt{\sum D} = 20\sqrt{2.53302} \approx 31(\text{mm})$　$|f_h| < |f_{h容}|$				

第7章 地形图的测绘

【学习内容及教学目标】

通过本章的学习，掌握地形图的基本知识及地物地貌在图上的表示方法；掌握经纬仪测图的基本原理；了解大比例尺数字测图的外业工作；了解常用测图软件 CASS9.0 简单应用。

【能力培养要求】

(1) 具有地形图识读的基本能力。

(2) 具有大比例数字测图的外业操作能力。

7.1 地形图的基本知识

7.1.1 地形图的概念

将地面上的地物、地貌沿铅垂线方向投影到水平面上，再按一定的比例和图式符号缩绘到图纸上，既能表示地物的平面位置，又能表示地表的起伏状态的图称为地形图。

7.1.2 地形图的比例尺

7.1.2.1 比例尺的概念

地形图上的线段长度和地面相应长度之比称为地形图比例尺。

$$比例尺 = \frac{d}{D} = \frac{1}{D/d} = \frac{1}{M} \tag{7.1}$$

式中　d——线段的图上长度；

　　　D——线段的实地长度；

　　　M——比例尺分母。

例如，图上长度为 1cm，实地长度为 5m，则该幅图的比例尺为 1∶500。

7.1.2.2 比例尺的分类

1. 数字比例尺

以分子为 1 的分数形式表示的比例尺称为数字比例尺，$1/M$。

数字比例尺的分母越大，比例尺越小，图上表示的地物、地貌越粗略；反之，分母越小，比例尺越大，图上表示的地物、地貌也越详细。在地形图测量中，一般可将比例尺划分为大比例尺（1/500、1/1000、1/2000、1/5000）、中比例尺（1/10000、1/25000）、小比例尺（1/5 万、1/10 万）三类。

2. 图示比例尺

常见的图示比例尺为直线比例尺。

如图 7.1 所示，在图上绘制一条直线，在直线上截取基本单位 1cm 或 2cm 分成若干大格，左边的一大格平分成十小格，大小格分界处标注为 0，其他标注代表实地长度，这种比例尺称为直线比例尺。

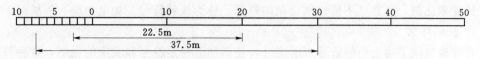

图 7.1 直线比例尺

图 7.1 为 1：500 的直线比例尺。例如，图上有两段长度需要求得其实地长度，可采用分规进行比量，分规的一个针尖对准整分划，另一针尖对准直线比例尺左边的小格，即可读出实地长度值，如图两段长度的实地长度为 22.5m、37.5m。

7.1.2.3 比例尺精度

一般认为，正常人的眼睛只能分辨出图上大于 0.1mm 的两点间的距离。图上 0.1mm 代表的实地水平距离称为比例尺精度，用 δ 表示。

$$\delta = 0.1\text{mm} \times M \tag{7.2}$$

由此可得不同比例尺的比例尺精度，如表 7.1 所示。

表 7.1   比 例 尺 精 度

比例尺	1：500	1：1000	1：2000	1：5000	1：10000
比例尺精度/m	0.05	0.10	0.20	0.50	1.00

根据比例尺精度可以选择测图比例尺的大小和测绘地形图时需要达到的精确程度。

例如，某工程设计要求，在地形图上能显示出相应实地 0.1m 的线段精度，那么，该地形图比例尺不应小于 1：1000。

$$\frac{1}{M} = \frac{0.1\text{mm}}{0.1\text{m}} = \frac{1}{1000}$$

7.2   地物地貌在图上的表示方法

通过控制测量，在测区里建立了一系列的符合相应精度的等级控制点，然后根据这些控制点测定地物与地貌，从而绘制地形图。在地形图上，地物与地貌是用一定的图式符号来表示的，国家测绘局制定了统一的地形图图式，作为识图和绘图的依据。

7.2.1 地物的表示方法

地物指地面上有明显轮廓线的固定物体，如房屋、公路、菜地、电杆等，根据地物的特性和大小，可用以下不同的符号进行表示。

1. 比例符号

根据地物的形状和大小按照一定的比例尺缩绘于图上，该图形与地物真实形状呈相似性，这种符号称为比例符号。如房屋、菜地等。

2. 非比例符号

地物轮廓很小，如果按比例缩绘不能进行绘制，但该地物又必须测绘，采用测定其中心位置，然后用象形符号进行表示，称为非比例符号。如水准点、消火栓等，非比例符号只能表示地物的位置和类别，不能表示其形状和大小，非比例符号应用时需注意符号定位中心的位置。

3. 线状符号

长度依比例，而宽度不依比例绘制的符号，称为线状符号。如电力线、围墙等。

4. 注记符号

有些地物除了用上面的符号表示之外，还得加上一定符号和文字的说明，这种符号称为注记符号，如河流需标出其流向，旱地需标明植被种类等。

常见的地形图图式见表 7.2。

表 7.2　　　　　　　　　　**1∶500、1∶1000、1∶2000 地形图图例**

编号	符号名称	1∶500　1∶1000	1∶2000	编号	符号名称	1∶500　1∶1000	1∶2000
1	一般房屋 混—房屋结构 3—房屋层数	混 3	1.6	13	等级公路 2—技术等级代码 (G325)—国道路线编码	2(G325)	0.2 0.4
2	简单房屋			14	乡村路 a—依比例尺的 b—不依比例尺的	a b	4.0　1.0 0.2 8.0　2.0 0.3
3	建筑中的房屋	建		15	小路		1.0　4.0 0.3
4	破坏房屋	破		16	内部道路		1.0 1.0
5	棚房	45° 1.6		17	阶梯路		1.0
6	架空房屋	混凝土4　混凝土　混凝土4 1.0	1.0				
7	廊房	混 3 1.0	1.0	18	打谷场、球场	球	
8	台阶	0.6 1.0　1.0		19	旱地	1.0 2.0 1.1	10.0 1.1 10.0
9	无看台的露天体育场	体育场					
10	游泳池	泳		20	花圃	1.6 1.6	1.6 10.0 10.0
11	过街天桥						
12	高速公路 a—收费站 0—技术等级代码	a　0　0.4		21	有林地	α 1.6 松 6	

续表

编号	符号名称	1:500 1:1000	1:2000	编号	符号名称	1:500 1:1000	1:2000
22	人工草地			31	埋石图根点 16—点号 84.46—高程	1.6 ⌾ 16/84.46 2.6	
23	稻田			32	不埋石图根点 25—点号 62.74—高程	1.6 ⊙ 25/62.74	
24	常年湖	青湖		33	水准点 Ⅱ京石 5—等级、点名、点号 32.804—高程	2.0 ⊗ Ⅱ京石 5/32.804	
25	池塘	塘 塘					
26	常年河 a—水涯线 b—高水界 c—流向 d—潮流向 ⟵ 涨潮 ⟶ 落潮			34	加油站	1.6 ● 3.6 1.0	
				35	路灯	2.0 1.6 ⚬ 4.0 1.0	
27	喷水池	1.0 ⊕ 3.6		36	独立树 a—阔叶 b—针叶 c—果树 d—棕榈、椰子、槟榔	a 2.0 ○ 3.0 1.6/1.0 b 1.6 ↟ 3.0/1.0 c 1.6 ⚬ 3.0/1.0 d 2.0 ⚘ 3.0/1.0	
28	GPS控制点	△ B 14/495.267 3.0					
29	三角点 凤凰山—点名 394.468—高程	△ 凤凰山/394.468 3.0					
30	导线点 Ⅰ16—等级、点号 84.46—高程	2.0 ▢ Ⅰ16/84.46		37	上水检修井	⊖ 2.0	

101

续表

编号	符号名称	1：500　1：1000	1：2000	编号	符号名称	1：500　1：1000	1：2000
38	下水（污水）、雨水检修井	⊕∷2.0		50	活树篱笆	:6.0: 1.0 ○○○○○○○○○○○○○○○ 6.0	
39	下水暗井	⊖∷2.0		51	铁丝网	:10.0: 1.0: ×———×———×	
40	煤气、天然气检修井	◎∷2.0		52	通信线 地面上的	4.0 ○———•———•———○	
41	热力检修井	⊕∷2.0		53	电线架	⊢⊷○⊶⊣	
42	电信检修井 a—电信人孔 b—电信手孔	a ⊕∷2.0 2.0 b ▯∷2.0		54	配电线 地面上的	4.0 ∷○→	
43	电力检修井	◐∷2.0		55	陡坎 a—加固的 b—未加固的	2.0 a |||||||||||||||| b	
44	污水篦子	2.0 2.0 ▱∷⊜ ▤∷1.0					
45	地面下的管道	4.0 — — —污—— 1.0		56	散树、行树 a—散树 b—行树	a ○∷1.6 :10.0: 1.0 b ○ ○ ○ ○	
46	围墙 a—依比例尺的 b—不依比例尺的	:10.0: a b :10.0: 0.3 0.6		57	一般高程点及注记 a—一般高程点 b—独立性地物的高程	a b 0.5 ∷•163.2 ⚐75.4	
47	挡土墙	1.0 ∿∿∿∿ 0.3 6.0					
48	栅栏、栏杆	:10.0: 1.0 ⊦—○—○—⊦		58	名称说明注记	**友谊路** 中等线体4.0(18k) **团结路** 中等线体3.5(15k) 胜利路 中等线体2.75(12k)	
49	篱笆	10.0 1.0 —+—+—+—					

续表

编号	符号名称	1:500 1:1000	1:2000	编号	符号名称	1:500 1:1000	1:2000
59	等高线 a—首曲线 b—计曲线 c—间曲线	a b c 1.0 6.0	0.15 0.3 0.15 0.15	61	示坡线		0.8
60	等高线注记	25		62	梯田坎		·56.4 1.2

7.2.2 地貌的表示方法

地貌是指地表的自然起伏状态,一般用等高线加注高程的方法进行表示。

7.2.2.1 等高线的概念

地面上高程相等的相邻点连成的闭合曲线称为等高线。如图 7.2 所示,假想高程为 80m 的水平面与山有一个封闭的的交线,如 7.2 上图所示,将此交线投影到水平面 H 上,得到 80m 的等高线,依此类推,高程 82m、84m、…的水平面同样与山有交线,将这些交线都投影到水平面 H 上,如图 7.2 下图所示,这样就得到了用等高线表示的山的形状。

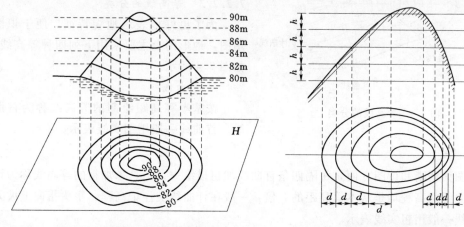

图 7.2 等高线的原理示意图   图 7.3 等高距与等高线平距的关系

7.2.2.2 等高距和等高线平距

相邻两条等高线的高差称为登高距,用 "h" 表示,图 7.2 和图 7.3 中等高距都为 2m,相邻两条等高线之间的水平距离称为等高线平距,用 "d" 表示,等高距和等高线平距之间的关系表示地面坡度,用 "i" 表示。

则

$$i = \frac{h}{d} \tag{7.3}$$

等高距的确定是根据地形图比例尺和地面起伏情况确定，测图规范对大比例尺测图的基本等高距进行了明确规定。基本等高距的选择见表7.3，同一测区或同一幅图中只能采用一种基本等高距。

表 7.3 　　　　　　　　　　大比例尺地形图的基本等高距

比 例 尺	基本等高距/m			
	平地	丘陵地	山地	高山地
1 : 500	0.5	0.5	0.5 或 1.0	1.0
1 : 1000	0.5	0.5 或 1.0	1.0	1.0
1 : 2000	0.5 或 1.0	1.0	1.0 或 2.0	2.0
1 : 5000	0.5 或 1.0	1.0 或 2.0	2.0 或 5.0	5.0

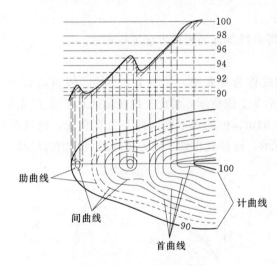

图 7.4　等高线的分类

如图7.3所示，该幅图的基本等高距是2m，而等高线平距的大小，从图中可看出，因地面的起伏状况不同，等高线平距有大有小，平距越大，坡度越小；平距越小，坡度越大。也就是等高线越密集的地方，坡度越陡；等高线越稀疏的地方，坡度越缓。

7.2.2.3 等高线的分类

为了更好地表示地貌特征，便于识图用图，地形图上主要采用下列四种等高线，如图7.4所示。

1. 首曲线

按基本等高距绘制的等高线称为首曲线。首曲线一般用细实线表示。

2. 计曲线

为了图面清晰和读图方便，每隔四条首曲线加粗描绘一条，这条加粗的等高线称为计曲线。计曲线的高程均是基本等高距的5倍，一般在计曲线上注记高程，字头指向上坡方向，计曲线一般用粗实线表示。

3. 间曲线

按1/2基本等高距绘制的等高线称为间曲线，其目的是为了显示首曲线不能显示的地貌特征。在平地当基本等高线间距过大时，可加绘间曲线。间曲线可不闭合。间曲线一般用长虚线表示。

4. 助曲线

当间曲线仍不足以显示地貌特征时，还可加绘1/4基本等高距的等高线，称为助曲线。助曲线可不闭合。助曲线一般用短虚线表示。

7.2.2.4 几种典型地貌的等高线

1. 山头和洼地

如图 7.5 所示，山头和洼地的等高线都是封闭的一组曲线，可根据注记进行区别，也可根据示坡线进行区别，如图 7.5 中垂直于等高线的小短线就是示坡线，示坡线指示下坡方向。

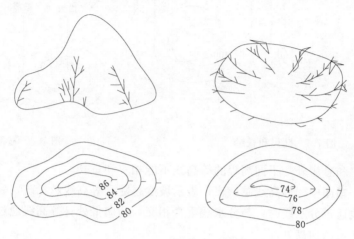

图 7.5 山头和洼地的等高线

2. 山脊和山谷

如图 7.6 所示，沿着一个方向延伸的高地称为山脊，山脊上最高点的连线称为山脊线，它是雨水分流的界限，也称为分水线；两山脊之间沿着一个方向延伸的洼地称为山谷线，雨水汇合在此下泻，故称为合水线，或集水线。

3. 陡崖和悬崖

如图 7.7 所示，近于垂直的陡坡称为陡崖，陡崖的等高线将重合在一起，重合部分用陡崖符号代替，图 7.7（a）为石质陡崖，图 7.7（b）为土质陡崖。山头上部突出，中间凹进的陡崖称为悬崖，悬崖凹进部分的等高线会与上部的等高线相交，凹进被山头遮挡的部分等高线用虚线表示。如图 7.7（c）所示。

4. 鞍部

两个山头之间的形如马鞍形的低凹部分称为鞍部，其等高线形状如图 7.8 所示。

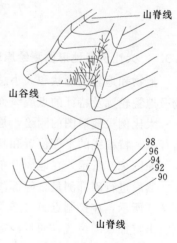

图 7.6 山脊和山谷

7.2.2.5 等高线的特性

（1）同一条等高线上各点的高程都相等。

（2）等高线是一条闭合的曲线，它若不在本图幅内闭合，必延伸或迂回到其他图幅内闭合。

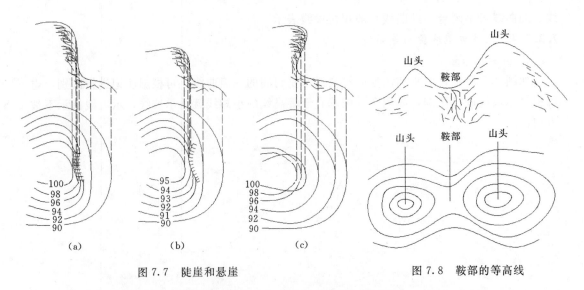

图 7.7　陡崖和悬崖　　　　　　　　　　图 7.8　鞍部的等高线

（3）除陡崖和悬崖外，不同高程的等高线不能相交和重合。

（4）在同一幅图中，等高线越密集，表示坡度越陡，等高线越稀疏，表示坡度越缓。

（5）等高线通过分水线时，与分水线垂直相交，凸向低处；等高线通过合水线时，与合水线垂直相交，凸向高处。

7.3　大比例尺地形图测绘

7.3.1　大比例尺地形图测绘原理

地物和地貌的形状和大小总是可以通过一系列的点、线表示出来，这些能够表示出地物及地貌轮廓及特征的点或线称为地形特征点或特征线。

大比例尺地形图的测绘，是在控制测量的基础上，测量每个控制点周围的地物及地貌特征点、特征线的平面位置和高程，并将其绘制到图纸上。

如图 7.9 所示，在地面上布设了 A、B、C、D、E 控制点，组成闭合导线进行控制测量，然后进行碎部测量。碎部测量是在控制点上安置仪器，测量其周围的地物和地貌，如图 7.9 所示，在控制点 A 上安置仪器，在地物和地貌的特征点上安置照准标志，采用仪器测出特征点的位置，通过测定出来的特征点的位置元素在图纸上将其确定出来从而勾绘出地物和地貌，可见，要测定地物和地貌的形状，其特征点的选择很重要，下面介绍地物及地貌特征点的选择。

1. 地物特征点的选择

地物特征点主要指的是地物轮廓的转折点，比如房屋的屋角，道路或河流的转弯点、交叉点，植被边界点、转折点等。测量时如果正确的测出这些点的点位，通过其内在关系连接这些点位，就可得到相似的地物形状。

2. 地貌特征点的选择

地貌特征点主要包括山顶、鞍部、山脊和山谷的地形变换处、山坡的坡度变换处等，

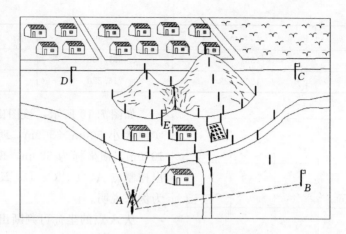

图 7.9 地物及地貌特征点示意图

而山脊线和山谷线是表示地貌重要的特征线，这些点、线组成了地貌的基本骨架。为了能真实地表示实地情况，在地面平坦或坡度无明显变化的地区，碎部点的间距和最大视距应符合规范规定。

7.3.2 大比例尺地形图测绘方法

大比例尺地形图测绘方法有传统地形图测绘及数字测图两种方式，传统地形图测绘主要指大平板仪测图法和经纬仪配合量角器测图法。目前，随着全站仪在测量中的应用，数字测图已越来越广泛，随着全球卫星定位系统的普及，野外数据采集已从过去的繁杂的作业方式中解脱出来。下面主要介绍经纬仪配合量角器测图及全站仪测图两种方式。

7.4 经纬仪测图

传统测图方法有经纬仪测图和大平板仪测图两种方式，下面主要介绍经纬仪测图。

7.4.1 测图前的准备工作

测图前的准备工作主要包括图纸的选择，一种是优质绘图纸，另一种是打毛的半透明聚酯薄膜图纸。然后在图纸上绘制坐标格网，坐标格网根据分幅的大小进行绘制。如图 7.10 所示，该图为 50cm×50cm 的正方形分幅图幅，每一格为 10cm×10cm。最后将控制点的位置根据其坐标展绘到图纸上。

例如：如图 7.9 所示，需施测该地区地形图，控制点成果表见表 7.4。

表 7.4　　　　　　　　　　　　控 制 点 成 果 表

点　　号	x/m	y/m	H/m
A	1046.879	638.838	12.95
B	1054.641	950.514	12.87
C	1327.357	928.159	13.15

续表

点 号	x/m	y/m	H/m
D	1332.338	587.530	13.05
E	1203.023	716.220	13.08

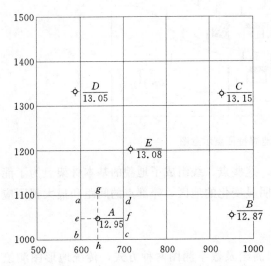

图 7.10 坐标格网及控制点展绘示意图

如图 7.10 所示，该图比例尺 1 ∶ 1000，实地大小 500m×500m，西南角纵坐标为 1000m，横坐标为 500m，现需在图上展绘出控制点 A、B、C、D、E 点，现已 A 点为例来说明。

从 A 点的坐标可判断出 A 点位于 $abcd$ 方格里。

计算 A 点相对于方格角顶 b 点的坐标增量为

$$\Delta x_{bA} = 1046.879 - 1000 = 46.879 (\text{m})$$

$$\Delta y_{bA} = 638.838 - 600 = 38.838 (\text{m})$$

所以，使用三棱尺从角顶 b 点向上量取 46.879m 得 e 点，从角顶 c 点向上量取 46.879m 得 f 点，然后从角顶 a 点向右量取 38.838m 得 g 点，从角顶 b 点向右量取 38.838m 得 h 点，连接 ef、gh，其交点就是 A 点。同法可展绘其他控制点。

控制点展绘完成之后，应检查展点精度，规定点与点之间的长度与实际长度应小于图上 0.3mm，若超限应重新展绘。

7.4.2　碎部测量

经纬仪测绘法就是将经纬仪安置在一个控制点上，以另外一个已知方向为起始方向（零方向），测量出地物、地貌特征点相对于零方向的水平夹角和与测站点间的水平距离。如图 7.11 所示。

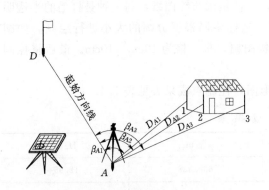

图 7.11　碎部测量示意图

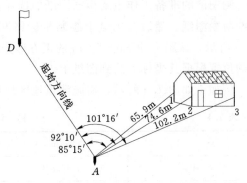

图 7.12　碎部点观测原理示意图

经纬仪测绘法一个测站的观测程序如下，以 A 点为例来说明。

（1）在 A 点安置经纬仪，量取仪器高为 1.45m，记录于手簿表 7.5 中，盘左照准另一个控制点 D 点，置盘 $0°00'00''$，将图板架于经纬仪旁，用直线连接图上 AD 并适当延长作为图上的起始方向，如图 7.13 所示，用小针通过量角器的圆心小孔将量角器固定在 A 点。

（2）在房屋的屋角点 1、2、3 处立尺。

（3）观测。观测数据包括尺间隔、水平度盘读数、竖直度盘读数、中丝读数，记录于表 7.5。

表 7.5　　　　　　　　　　　　　碎部测量手簿

测站点：A　　　　　　　　定向点：D　　　　　　　　仪器高：1.45m

测站高程：12.95m　　　　　　指标差：$0''$　　　　　　仪器：DJ_6

观测点号	上丝读数 下丝读数/m	中丝读数 /m	竖盘读数 /(° ′)	竖直角 /(° ′)	水平距离 /m	高差 /m	高程 /m	水平角 /(° ′)	备注
1	2.460 1.801	2.130	89　29	0　31	65.9	−0.09	12.86	101　16	屋角
2	2.496 1.750	2.123	89　23	0　37	74.6	0.13	13.08	92　10	屋角
3	2.576 1.554	2.065	89　45	0　15	102.2	−0.17	12.78	85　15	屋角

（4）计算。计算水平距离和高程，见表 7.5。测图原理如图 7.12 所示。

（5）展点及绘图。根据水平距离和水平角，用量角器、直尺将碎部点展绘到图纸上，并将碎部点通过其内在关系连接起来，绘制成图。如图 7.13 所示。房屋通过 1、2、3 点即可绘出。

7.4.3　等高线的勾绘

地貌主要用等高线进行表示，等高线是根据地貌特征点的高程，按照规定的等高距勾绘的，如图 7.14 所示，上图为测量的地形特征点及地性线，采用目估法内插绘制等高线，等高距 1m，如图 7.14 下图所示。

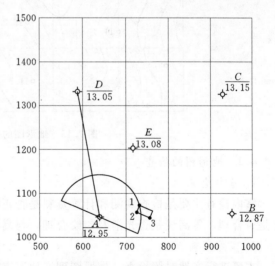

图 7.13　碎部点展绘示意图

7.4.4　地形图的拼接、检查与整饰

7.4.4.1　地形图的拼接

分幅测绘的地形图为了互相拼接成一个整体，每幅图的四边均需测出图廓线外 5mm，拼接时，将需要拼接的边按坐标格网叠合在一起，如图 7.15 所示，其接图误差对于地物来说，偏差应小于 2mm，等高线相差不大于相邻等高线的平距时，可取平均位置进行修

改。超过限差时，应到现场检查并修改。

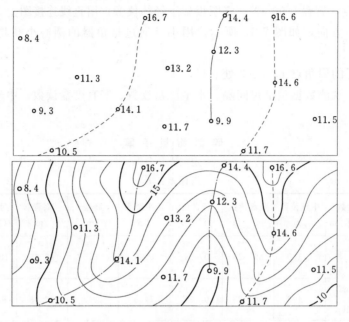

图 7.14　等高线的勾绘示意图

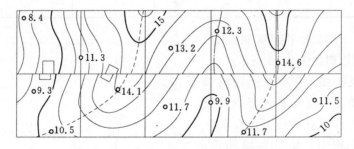

图 7.15　地形图的拼接示意图

7.4.4.2　地形图的检查

1. 室内检查

室内检查主要是检查观测和计算资料是否正确、齐全，地物、地貌是否清晰易读，注记是否合理。等高线是否光滑及勾绘合理，与高程注记是否有矛盾，图幅拼接情况等。

2. 室外检查

主要进行实地对照检查，携原图到实地巡查，看地物与实地是否相符，符号、名称是否正确，取舍是否合理，有无遗漏，等高线与实地是否相符，必要时设站检查。发现误差必须进行修正。

7.4.4.3　地形图的整饰

原图经过拼接和检查后，还应按规定的图式符号对地物、地貌进行整饰，使图面更加清晰、美观。最后还要进行图廓整饰，并注记图名、图号、比例尺、坐标及高程系统、测绘单位、测绘人员及测绘时间等。如图 7.16 所示。

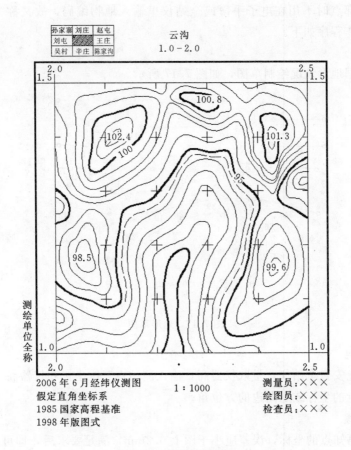

孙家寨	刘庄	赵屯
刘屯		王庄
吴村	辛庄	陈家沟

云沟
1.0－2.0

测绘单位全称

2006年6月经纬仪测图
假定直角坐标系
1985国家高程基准
1998年版图式

1：1000

测量员：×××
绘图员：×××
检查员：×××

图7.16　地形图的整饰

7.5 数 字 测 图

通常数字测图是指使用全站仪或卫星定位接收机等仪器外业采集碎部点的三维坐标及其编码。通过计算机和相应的图形处理软件绘制地形图的方法。本节主要介绍基于CASS9.0测图软件的全站仪数字测图技术。

7.5.1 数据采集

野外数据采集实际上是采集地形特征点的三维坐标，其图根控制与碎部测量可同时进行。采集时可不受图幅限制，而是划分测绘区域分组进行。

全站仪数据测记模式为目前最常用的测记式数字测图作业模式，为绝大多数软件所支持，测记法按工作方式的不同可分为草图法和简码法。

7.5.1.1 草图法数据采集

当地物较为凌乱时，采用草图法数据采集模式，也就是在数据采集时根据实地绘制草图，室内采用"点号定位""坐标定位""编码引导"几种方式成图。在测量过程中立尺员需要和观测员及时联系，使草图上标注的碎部点点号要和全站仪里记录的点号一致，而在测量每一个碎部点时不用在电子手簿或全站仪里输入地物编码，故又称为"无码方式"。其一个测站操作程序如下。

1. 绘草图

立尺员根据地形情况绘制草图，如图 7.17 所示。

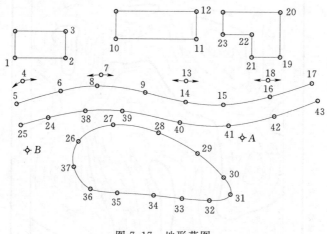

图 7.17　地形草图

2. 建立测站

在测站点上安置全站仪，量取仪器高，输入测站点三维坐标和仪器高。然后照准定向点，输入定向点的坐标或定向边的方位角。

3. 定向检核

测量某一已知点的坐标，误差应小于图上 0.2mm，满足要求后，即可开始数据采集，如超限，应重新定向。

4. 碎部点测量

选择地物特征点和地貌特征点立反射棱镜，按照仪器的操作程序进行碎部点三维坐标数据采集，同时采集绘图信息和绘制草图，如图 7.17 所示。

5. 结束前定向检查

照准某一已知点进行测量，其坐标误差应小于图上 0.2mm，如有误，应改正或重新进行测量。

7.5.1.2　简码法数据采集

当现场比较规整时，可使用"简码法"数据采集，其与"草图法"在野外测量时不同的是，每测一个地物点时都要在电子手簿或全站仪上输入地物点的简编码。

对于地物的第一点，操作码＝地物代码。如图 7.16 中的 1 点赋予简码"F2"，代表普通房的第一点，2 点赋予简码"＋"，代表与上一点 1 点连接，连线依测点顺序进行，3 点赋予简码"＋"，代表与上一点 2 点连接，连线依测点顺序进行。4 点赋予简码"D1"代表高压电力线的第一点。5 点赋予简码"X0"代表实线的第一点。6 点赋予简码"＋"代表与上一点 5 点连接，7 点赋予简码"2＋"代表与上两点 4 点连接，也就是跳过 5、6 点（表 7.6）。依此类推，简码的编号方式参见表 7.7～表 7.9。

表 7.6 与图 7.17 对应的各测点简码表

点号	简码	点号	简码	点号	简码	点号	简码	点号	简码
1	F2	10	F2	19	F2	28	＋	37	＋
2	＋	11	＋	20	＋	29	＋	38	13＋
3	＋	12	＋	21	1－	30	＋	39	＋
4	D1	13	5＋	22	＋	31	＋	40	＋
5	X0	14	4＋	23	－	32	＋	41	＋
6	＋	15	＋	24	X0	33	＋	42	＋
7	2＋	16	＋	25	－	34	＋	43	＋
8	1＋	17	＋	26	B9	35	＋		
9	＋	18	4＋	27	＋	36	＋		

表 7.7 线面状地物符号代码表

坎类（曲）：K（U）＋数（0—陡坎，1—加固陡坎，2—斜坡，3—加固斜坡，4—垄，5—陡崖，6—干沟）

线类（曲）：X（Q）＋数（0—实线，1—内部道路，2—小路，3—大车路，4—建筑公路，5—地类界，6—乡、镇界，7—县、县级市界，8—地区、地级市界，9—省界线）

垣栅类：W＋数（0，1—宽为 0.5m 的围墙，2—栅栏，3—铁丝网，4—篱笆，5—活树篱笆，6—不依比例围墙，不拟合，7—不依比例围墙，拟合）

铁路类：T＋数［0—标准铁路（大比例尺），1—标（小），2—窄轨铁路（大），3—窄（小），4—轻轨铁路（大），5—轻（小），6—缆车道（大），7—缆车道（小），8—架空索道，9—过河电缆］

电力线类：D＋数（0—电线塔，1—高压线，2—低压线，3—通信线）

房屋类：F＋数（0—坚固房，1—普通房，2—一般房屋，3—建筑中房，4—破坏房，5—棚房，6—简单房）

管线类：G＋数［0—架空（大），1—架空（小），2—地面上的，3—地下的，4—有管堤的］

植被土质：拟合边界：B—数（0—旱地，1—水稻，2—菜地，3—天然草地，4—有林地，5—行树，6—狭长灌木林，7—盐碱地，8—沙地，9—花圃）

不拟合边界：H—数（0—旱地，1—水稻，2—菜地，3—天然草地，4—有林地，5—行树，6—狭长灌木林，7—盐碱地，8—沙地，9—花圃）

圆形物：Y＋数（0—半径，1—直径两端点，2—圆周三点）

平行体：P＋［X（0—9），Q（0—9），K（0—6），U（0—6），…］

控制点：C＋数（0—图根点，1—埋石图根点，2—导线点，3—小三角点，4—三角点，5—土堆上的三角点，6—土堆上的小三角点，7—天文点，8—水准点，9—界址点）

表 7.8 点状地物符号代码表

符号类别	编码及符号名称				
水系设施	A00 水文站	A01 停泊场	A02 航行灯塔	A03 航行灯桩	A04 航行灯船
	A05 左航行浮标	A06 右航行浮标	A07 系船浮筒	A08 急流	A09 过江管线标
	A10 信号标	A11 露出的沉船	A12 淹没的沉船	A13 泉	A14 水井
土质	A15 石堆				

符号类别	编码及符号名称				
居民地	A16 学校	A17 肥气池	A18 卫生所	A19 地上窑洞	A20 电视发射塔
	A21 地下窑洞	A22 窑	A23 蒙古包		
管线设施	A24 上水检修井	A25 下水雨水检修井	A26 圆形污水箅子	A27 下水暗井	A28 煤气天然气检修井
	A29 热力检修井	A30 电信入孔	A31 电信手孔	A32 电力检修井	A33 工业、石油检修井
	A34 液体气体储存设备	A35 不明用途检修井	A36 消火栓	A37 阀门	A38 水龙头
	A39 长形污水箅子				
电力设施	A40 变电室	A41 无线电杆，塔	A42 电杆		
军事设施	A43 旧碉堡	A44 雷达站			
道路设施	A45 里程碑	A46 坡度表	A47 路标	A48 汽车站	A49 臂板信号机
独立树	A50 阔叶独立树	A51 针叶独立树	A52 果树独立树	A53 椰子独立树	
工矿设施	A54 烟囱	A55 露天设备	A56 地磅	A57 起重机	A58 探井
	A59 钻孔	A60 石油，天然气井	A61 盐井	A62 废弃的小矿井	A63 废弃的平峒洞
	A64 废弃的竖井井口	A65 开采的小矿井	A66 开采的平峒洞口	A67 开采的竖井井口	
公共设施	A68 加油站	A69 气象站	A70 路灯	A71 照射灯	A72 喷水池
	A73 垃圾台	A74 旗杆	A75 亭	A76 岗亭，岗楼	A77 钟楼，鼓楼，城楼
	A78 水塔	A79 水塔烟囱	A80 环保监测点	A81 粮仓	A82 风车
	A83 水磨房．水车	A84 避雷针	A85 抽水机站	A86 地下建筑物天窗	
宗教设施	A87 纪念像碑	A88 碑，柱，墩	A89 塑像	A90 庙宇	A91 土地庙
	A92 教堂	A93 清真寺	A94 敖包，经堆	A95 宝塔，经塔	A96 假石山
	A97 塔形建筑物	A98 独立坟	A99 坟地		

表 7.9 描述连接关系的符号的含义

符号	含 义
＋	本点与上一点相连，连线依测点顺序进行
－	本点与下一点相连，连线依测点顺序相反方向进行
n＋	本点与上 n 点相连，连线依测点顺序进行
n－	本点与下 n 点相连，连线依测点顺序相反方向进行
p	本点与上一点所在地物平行
np	本点与上 n 点所在地物平行
＋A ＄	断点标识符，本点与上点连
－A ＄	断点标识符，本点与下点连

7.5.2 数据处理

7.5.2.1 数据导入计算机

将全站仪通过适当的通信电缆与计算机连接。移动鼠标至"数据通讯"项的"读取全站仪数据"项，该处以高亮度（深蓝）显示，按左键，出现如图 7.18 的对话框。

根据不同仪器的型号设置好通信参数再选取好要保存的数据文件名，点转换。按提示操作发送数据，即可将全站仪里的数据转换成 CASS 坐标数据。

CASS 坐标数据文件扩展名是"DAT"，其格式为：

1 点点名，1 点编码，1 点 Y（东）坐标，1 点 X（北）坐标，1 点高程

……

N 点点名，N 点编码，N 点 Y（东）坐标，N 点 X（北）坐标，N 点高程

图 7.18 全站仪内存数据
转换的对话框

说明：

（1）文件内每一行代表一个点。

（2）每个点 Y（东）坐标、X（北）坐标、高程的单位均是"米"。

（3）编码内不能含有逗号，即使编码为空，其后的逗号也不能省略。

（4）所有的逗号不能在全角方式下输入。

7.5.2.2 草图法绘制平面图

"草图法"在内业工作时，根据作业方式的不同，分为"点号定位""坐标定位""编码引导"几种方法。

1. 点号定位法

（1）定显示区。定显示区的作用是根据输入坐标数据文件的数据大小定义屏幕显示区域的大小，以保证所有点可见。

首先选择"绘图处理"项，然后选择"定显示区"项，在出现的对话窗输入碎部点坐标数据文件名。可直接通过键盘输入，也可参考 WINDOWS 选择打开文件的操作方法操

作。这时，命令区显示：

最小坐标（米）X＝23.897，Y＝45.120

最大坐标（米）X＝324.260，Y＝524.988

（2）选择测点点号定位成图法。单击屏幕右侧菜单区之"坐标定位/点号定位"项，按左键，即出现图 7.19 所示的对话框。

图 7.19 测点点号定位成图法的对话框

输入点号坐标点数据文件名，命令区提示：

读点完成！共读入 43 点。

（3）地物绘制。根据草图绘制相应的地物，如图 7.16 所示，要将 1、2、3 号点连成普通房屋。操作步骤为：单击界面右侧菜单"居民地/一般房屋"，系统便弹出如图 7.20 所示的对话框。单击"四点房屋"。

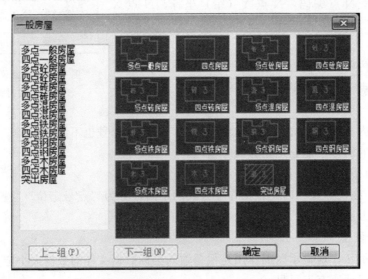

图 7.20 "居民地/一般房屋"图层图例

这时命令区提示：

绘图比例尺：输入 1∶1000，回车。

1. 已知三点/2. 已知两点及宽度/3. 已知四点〈1〉：输入 1，回车（或直接回车默认选 1）。

说明：已知三点是指测矩形房子时测了三个点；已知两点及宽度则是指测矩形房子时测了二个点及房子的一条边；已知四点则是测了房子的四个角点。

点 P/〈点号〉输入 1，回车。点 P 是指由您根据实际情况在屏幕上指定一个点；点号是指绘地物符号定位点的点号（与草图的点号对应）。

点 P/〈点号〉输入 2，回车。

点 P/〈点号〉输入 3，回车。

这样，即将 1、2、3 号点连成一间普通房屋。如图 7.21 所示。

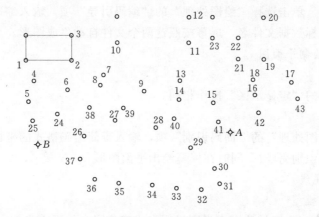

图 7.21 四点一般房屋

注意：绘房子时，输入的点号必须按顺时针或逆时针的顺序输入，否则绘出来房子就不对。

重复上述操作，将 10、11、12 号点绘一般房屋；23、22、21、19、20 号点绘成多点一般房屋。

同法绘制电力线、公路、池塘。

2. 坐标定位法

其成图方法与测点定位法成图基本相同。区别在于在绘制图式符号时采用屏幕捕捉功能或直接输入待绘制点的坐标。

3. 编码引导法

（1）编辑引导文件。单击绘图屏幕的顶部菜单，选择"编辑"的"编辑文本文件"项，屏幕上弹出记事本，根据野外作业草图，编辑编码引导文件。

编码引导文件是根据"草图"编辑生成的，文件的每一行描绘一个地物：

$$Code, N1, N2, \cdots, Nn, E$$

其中 Code 为该地物的地物代码；Nn 为构成该地物的第 n 点的点号。N1、N2、…、Nn 的排列顺序应与实际顺序一致。每行描述一地物，E 为地物结束标志。最后一行只有一个字母 E，为文件结束标志。

与图 7.17 对应的编码引导文件：

F2, 1, 2, 3, E   （房屋）

F2, 10, 11, 12, E   （房屋）

F3, 23, 22, 21, 19, 20, E   （房屋）

D1, 4, 7, 13, 18, E   （高压线）

X0, 5, 6, 8, 9, 14, 15, 16, 17, E   （实线，公路边线）

X0, 25, 24, 38, 39, 40, 41, 42, 43, E   （实线，公路边线）

B9, 26, 27, 28, 29, 30, 31, 32, 33, 34, 35, 36, 37, E   （花圃边界）

E

（2）定显示区。此操作与"点号定位"法作业流程的"定显示区"的操作相同。

（3）编码引导。单击选择"绘图处理"的"编码引导"项，输入编码引导文件，按屏幕提示接着输入坐标数据文件名，屏幕按照这两个文件自动生成图形。

7.5.2.3 简码法绘制平面图

1. 定显示区

与"草图法"的"定显示区"操作相同。

2. 简码识别

选择菜单"绘图处理"的"简码识别"项，输入带简编码格式的坐标数据文件名，当提示区显示"简码识别完毕！"同时在屏幕绘出平面图形。

7.5.2.4 绘制等高线

1. 建立 DTM 模型

DTM 模型是在一定区域范围内规则格网点或三角网点的平面坐标（x，y）和其地物性质的数据集合，在使用 CASS 9.0 自动生成等高线时，应先建立数字地面模型。

其基本操作程序为"定显示区"→展点→建立 DTM。

2. 编辑修改 DTM 模型

一般情况下，由于地形条件的限制在外业采集的碎部点很难一次性生成理想的等高线，可以通过修改三角网来修改这些局部不合理的地方，修改的方法主要有：删除三角形，如果在某局部内没有等高线通过的，则可将其局部内相关的三角形删除；过滤三角形，可根据需要输入符合三角形中最小角度或三角形中最大边长最多大于最小边长的倍数等条件的三角形；增加三角形，可选择"等高线"菜单中的"增加三角形"项，依照屏幕的提示在要增加三角形的地方用鼠标点取，如果点取的地方没有高程点，系统会提示输入高程；三角形内插点，根据提示输入要插入的点；删三角形顶点，可将所有用此功能将整个三角网全部删除。通过以上命令修改了三角网后，选择"等高线"菜单中的"修改结果存盘"项，把修改后的数字地面模型存盘。这样，绘制的等高线不会内插到修改前的三角形内。

注意：修改了三角网后一定要进行此步操作，否则修改无效！

3. 绘制等高线

选择下拉菜单"等高线"的"绘制等高线"项。自动绘出等高线。

4. 等高线的修饰

首先是注记等高线，选择"等高线"下拉菜单"等高线注记"的"单个高程注记"

项。根据提示进行高程注记；其次是等高线修剪，点击"等高线/等高线修剪/批量修剪等高线"根据提示及要求修剪等高线；另外等高线穿过地物必须中断，所以需切除指定二线间等高线或切除指定区域内等高线；最后，需要进行等值线滤波。

7.5.2.5 编辑与整饰

编辑和核对地物属性、画法、填充是否正确，编码、图层、线性、线宽、注记等是否符合要求。并根据图形数据文件中的最小坐标和最大坐标。进行批量分幅/建方格网、图幅整饰等。

7.5.3 数据输出

地形数据的存储与输出可以采用图形和数字两种方式进行。图形输出与 CAD 基本相同。

7.5.4 CASS 9.0 的野外操作码

CASS 9.0 的野外操作码由描述实体属性的野外地物码和一些描述连接关系的野外连接码组成。CASS 9.0 专门有一个野外操作码定义文件 JCODE.DEF，该文件是用来描述野外操作码与 CASS 9.0 内部编码的对应关系的，用户可编辑此文件使之符合自己的要求。

野外操作码的定义有以下规则。

（1）野外操作码有 1～3 位，第一位是英文字母，大小写等价，后面是范围为 0～99 的数字，无意义的 0 可以省略，例如，A 和 A00 等价、F1 和 F01 等价。

（2）野外操作码后面可跟参数，如野外操作码不到 3 位，与参数间应有连接符"－"，如有 3 位，后面可紧跟参数，参数有下面几种：控制点的点名；房屋的层数；陡坎的坎高等。

（3）野外操作码第一个字母不能是"P"，该字母只代表平行信息。

（4）Y0、Y1、Y2 三个野外操作码固定表示圆，以便和老版本兼容。

（5）可旋转独立地物要测两个点以便确定旋转角。

（6）野外操作码如以"U""Q""B"开头，将被认为是拟合的，所以如果某地物有的拟合，有的不拟合，就需要两种野外操作码。

（7）房屋类和填充类地物将自动被认为是闭合的。

（8）房屋类和符号定义文件第 14 类别地物如只测三个点，系统会自动给出第四个点。

（9）对于查不到 CASS 编码的地物以及没有测够点数的地物，如只测一个点，自动绘图时不做处理，如测两点以上按线性地物处理。

CASS 9.0 系统预先定义了一个 JCODE.DEF 文件，用户可以编辑 JCODE.DEF 文件以满足自己的需要，但要注意不能重复。

例如：K0——直折线型的陡坎，U0——曲线型的陡坎，W1——土围墙，T0——标准铁路（大比例尺），Y012.5——以该点为圆心半径为 12.5m 的圆。

第8章 地形图的应用

【学习内容及教学目标】

通过本章的学习，掌握高斯投影的概念；了解其性质；掌握高斯投影6°带和3°带的划分；了解地形图分幅的方法与编号；掌握地形图应用的基本内容；了解地形图在工程规划中的作用；掌握应用地形图进行面积量算的常用方法。

【能力培养要求】

（1）具有根据已知经纬度确定高斯投影带带号的能力。

（2）具有根据已知点的经纬度确定在各种比例尺图幅中的编号的能力。

（3）具有在地形图上确定点的坐标、高程以及两点间距离、方位角和坡度的能力。

（4）具有在地形图上进行面积量算的能力。

8.1 高斯投影和高斯平面直角坐标

在大区域测图时，不能将地球的球面当做平面对待，否则必然产生破裂与变形。要解决这个矛盾，必须研究地图投影的问题。投影的方法很多，我国的国家基本地形图采用高斯分带投影的方法，现将方法介绍如下。

8.1.1 高斯投影的概念

如图8.1（a）所示，设想有一个椭圆柱面横套在地球椭球体外面，并与某一条子午线（此子午线称为中央子午线或轴子午线）相切，椭圆柱的中心轴通过椭球体中心，然后用一定的投影方法，将中央子午线两侧一定经差范围内的地区投影到椭圆柱面上，再将此柱面展开即成为投影面，此投影为高斯投影。高斯投影是正形投影的一种，这种投影具有下列性质。

（1）中央子午线弧NS的投影为一条直线，且投影后长度无变形，其余经线的投影为凹向中央子午线的对称曲线，如图8.1（b）所示。

（2）赤道的投影也为一条直线，其余纬线的投影为凸向赤道的对称曲线，如图8.1（b）所示。

（3）中央子午线和赤道投影后为互相垂直的直线，成为其他纬线投影的对称轴。而其他经纬线投影后仍保持相互垂直的关系，即投影后角度无变形，故称为正形投影。

8.1.2 高斯平面直角坐标

高斯投影的角度无变形，其长度除中央子午线无变形外，离中央子午线越远其变形就越大，为此采用分带投影来限制其影响。

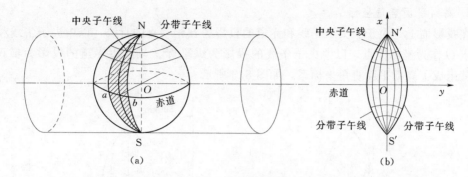

图 8.1　高斯投影原理

1. 高斯投影 6°带

从格林尼治子午线（首子午线）起，自西向东每隔经差 6°为一带，称为 6°带。整个地球分为 60 带，用数字 1～60 顺序编号。如图 8.2 所示，每带中央子午线的经度顺序为 3°、9°、15°、…，可以按照下式计算：

$$L_0 = 6N - 3 \tag{8.1}$$

式中　L_0——投影带中央子午线的经度；

　　　N——投影带的带号。

用 6°带投影其长度变形能满足 1∶25000 或更小比例尺测图的精度要求。而 1∶10000 以上的大比例尺测图，采用 6°带不能满足测图精度的要求，应采用 3°分带法。

2. 高斯投影 3°带

3°带是从东经 1.5°的子午线起，自西向东每隔经差 3°为一带，称为 3°带。整个地球分为 120 带，用数字顺序编号。如图 8.2 所示，每带中央子午线的经度顺序为 3°、6°、9°、…，可以按照下式计算：

$$L_0' = 3N' \tag{8.2}$$

式中　L_0'——投影带中央子午线的经度；

　　　N'——投影带的带号。

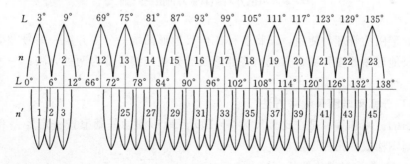

图 8.2　分带示意图

我国经度范围是西起 73°东至 135°，可以分成 6°带 11 带或者 3°带 22 带。

为了满足大比例测图需要，也可划分任意带。

3. 高斯平面直角坐标

在投影面上，由于中央子午线和赤道的投影为互相垂直的直线，以中央子午线和赤道的交点 O 作为坐标原点，以中央子午线的投影为纵坐标 x 轴，以赤道的投影为横坐标 y 轴，就组成了高斯平面直角坐标系，如图 8.3 所示。

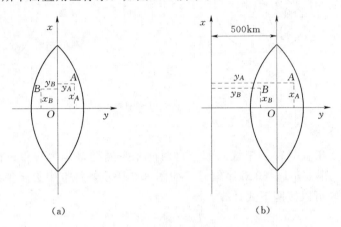

图 8.3　高斯平面直角坐标示意图

我国位于北半球，x 坐标值均为正，y 坐标值则有正有负。为了避免横坐标出现负值，所以将每带的坐标原点向西平移 500km，如图 8.3 所示。这样每一带中所有点的横坐标均能得到正值。如图 8.3（a）所示，设 $y_A = +37680.1\text{m}$，$y_B = -34240.5\text{m}$，移动原点后则 $y_A = 500000 + 37680.1 = 537680.1\text{m}$，$y_B = 500000 - 34240.5 = 465759.5\text{m}$。如图 8.3（b）所示，为了表明该点位于哪一投影带内，还需在横坐标前面加上带号，例如 A 点位于中央子午线 117° 的 20 带内，则 $y_A = 20537680.1\text{m}$。所以，把这种在横坐标前面冠以带号并加上 500km 的横坐标值称为坐标通用值，未加 500km 和未加带号的值称为坐标自然值。

8.2　地形图的分幅与编号

为了地形图的管理和使用，需将各种比例尺地形图统一分幅并统一编号。根据《国家基本比例尺地形图分幅和编号方法》将地形图的分幅与编号分为两种方法：一种是国际分幅法，另一种是矩形分幅法。

8.2.1　国际分幅和老图号编号方法

地形图的分幅和编号是在比例尺为 1∶100 万地形图的基础上按一定经差和纬差来划分的，每幅图构成一张梯形图幅。

1. 1∶100 万地形图的分幅与编号

按国际上的规定，1∶100 万的地形图实行统一的分幅和编号。即自赤道向北或向南分别按纬差 4° 分成横行，各行依次以字母 A、B、…、V 表示。自经度 180° 开始起算，自西向东按经差 6° 分成纵列，各列依次用 1、2、…、60 表示，如图 8.4 所示。

每一幅图的编号由其所在的"横行-纵列"的代号组成。例如北京某地的经度为东经

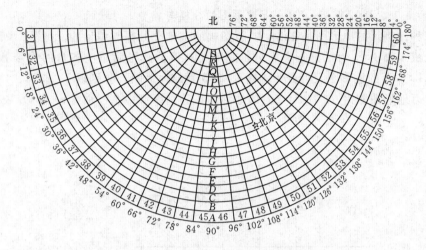

图 8.4 1 : 100 万地形图分幅与编号

118°24′20″，纬度为 39°56′30″，则所在的 1 : 100 万比例尺图的图号为 J - 50。

由于南北半球的经度相同而纬度对称，为了区别南北半球对应图幅的编号，规定在南半球的图号前加一个 S。如 SL - 50 表示南半球的图幅，而 L - 50 表示北半球的图幅。

2. 1 : 50 万、1 : 25 万、1 : 10 万地形图的分幅与编号

这三种比例尺的地形图都是在 1 : 100 万图幅的基础上进行分幅的，将一幅 1 : 100 万地形图按经差 3°、纬差 2° 分成 2 行 2 列，形成 4 幅 1 : 50 万地形图。将一幅 1 : 100 万地形图按经差 1°30′、纬差 1° 分成 4 行 4 列，形成 16 幅 1 : 25 万地形图。将一幅 1 : 100 万地形图按经差 30′、纬差 20′ 分成 12 行 12 列，形成 144 幅 1 : 10 万地形图。

编号方法分别用 ABCD、(1)~(16) 及 1~144，从左到右、自上而下按顺序编排。如北京所在的图幅 1 : 50 万、1 : 25 万、1 : 10 万的编号为分别为 J - 50 - A、J - 50 -(2)、J - 50 - 5，如图 8.5 所示。

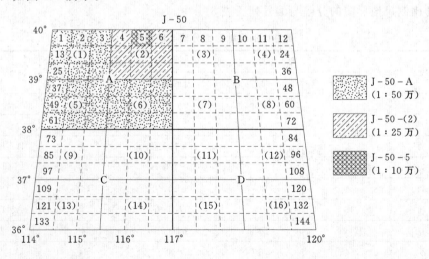

图 8.5 1 : 50 万、1 : 25 万、1 : 10 万地形图分幅与编号

3. 1 : 5 万、1 : 2.5 万、1 : 1 万地形图的分幅与编号

这三种比例尺的地形图是在 1 : 10 万图幅的基础上分幅与编号的。每幅 1 : 10 万的图幅，划分成 4 幅 1 : 5 万的地形图，分别在 1 : 10 万的图号后写上各自的代号 A、B、C、D。每幅 1 : 5 万的地形图又可分为 4 幅 1 : 2.5 万的地形图，分别以 1、2、3、4 编号。每幅 1 : 10 万地形图分为 64 幅 1 : 1 万的地形图，分别以（1）、（2）、…、（64）表示，如图 8.6 所示。

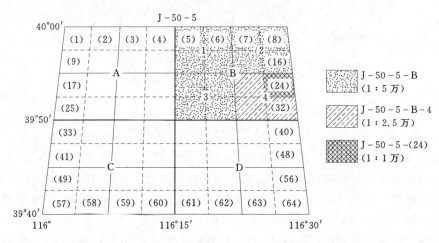

图 8.6　1 : 5 万、1 : 2.5 万、1 : 1 万地形图的分幅与编号

4. 1 : 5000、1 : 2000 地形图的分幅与编号

这两种比例尺是以 1 : 1 万地形图的分幅与编号为基础的。每幅 1 : 1 万的图幅分为 4 幅 1 : 5000 的地形图，分别在 1 : 1 万的图幅号后面写上各自的代号 a、b、c、d。每幅 1 : 5000 的图幅又分成 9 幅 1 : 2000 的地形图，分别以 1、2、…、9 表示图幅的大小及编号。

各种比例尺地形图的分幅与编号列于表 8.1 中。

表 8.1　　　　　　　　　各种比例尺地形图分幅与编号表

比例尺	图 幅 大 小		分 幅 方 法		分幅编号
	经差	纬差	分幅基础	分幅数	
1 : 100 万	6°	4°	全球		纵 A～V
					横 1～60
1 : 50 万	3°	2°	1 : 100 万	4	A、B、C、D
1 : 25 万	1°	40′	1 : 100 万	16	[1]～[36]
1 : 10 万	30′	20′	1 : 100 万	144	1～144
1 : 5 万	15′	10′	1 : 10 万	4	A、B、C、D
1 : 2.5 万	7′30″	5′	1 : 5 万	4	1、2、3、4
1 : 1 万	3′45″	2′30″	1 : 10 万	64	（1）～（64）
1 : 5000	1′52.5″	1′15″	1 : 1 万	4	a、b、c、d

8.2.2 国际分幅新图号编号方法

20 世纪 90 年代以后,国家测绘总局审查通过了国家基本比例尺地形图分幅编号的新方法。1：50 万～1：5000 地形图的分幅与编号,是在 1：100 万地形图的基础上,采用行列编号方法,由其所在 1：100 万地形图的图号、比例尺代码和图幅的行列号共 10 位码组成,如图 8.7 所示。基本比例尺的代码及行列数见表 8.2。

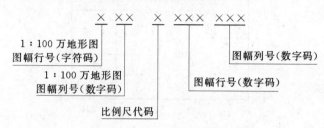

图 8.7 地形图编号示意图

表 8.2　　　　　　　　　国家基本比例尺地形图的比例尺代码及行列数

比例尺	1：50 万	1：25 万	1：10 万	1：5 万	1：2.5 万	1：1 万	1：5000
代码	B	C	D	E	F	G	H
每幅 1：100 万划分行列数	2 行×2 列	4 行×4 列	12 行×12 列	24 行×24 列	48 行×48 列	96 行×96 列	192 行×192 列

8.2.3　矩形分幅法

国际分幅法主要应用于国家基本图,工程建设中使用的大比例尺地形图,一般采用矩形分幅法。

矩形图幅的大小及尺寸见表 8.3。

表 8.3　　　　　　　　　　　　矩 形 图 幅 表

比例尺	正 方 形 分 幅		矩 形 分 幅	
	图幅尺寸/(cm×cm)	实地面积/km²	图幅尺寸/(cm×cm)	实地面积/km²
1：5000	40×40	4	50×40	5
1：2000	50×50	1	50×40	0.8
1：1000	50×50	0.25	50×40	0.2
1：500	50×50	0.0625	50×40	0.05

采用矩形分幅时,大比例尺地形图的编号,一般采用图幅西南角坐标公里数编号法,如图 8.8 所示,其西南角的坐标 $x=108.0$ km,$y=56.0$ km,所以其编号为 "108.0 - 56.0"。编号时,比例尺为 1：500 地形图,坐标值取至 0.01km,而 1：1000、1：2000 地形图取至 0.1km。

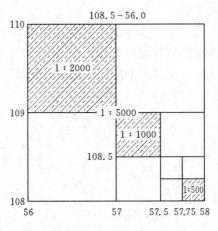

图 8.8 矩形分幅与编号

8.3 地形图应用的基本内容

8.3.1 确定图上点的平面位置

图上一点的位置，通常用直角坐标的方法来确定，图框边线上所注的数字就是坐标网格的坐标值，它们是量取坐标的依据。

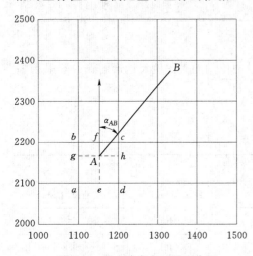

图 8.9 图上确定点的平面位置

如图 8.9 所示，该图为比例尺 1∶1000 的地形图坐标网格的示意图，以此为例说明图上 A 点坐标的确定方法，首先根据 A 的位置找出它所在的坐标方格 $abcd$，过 A 点作坐标网格的平行线 ef 和 gh。然后用直尺在图上量得 $ag=62.3\text{mm}$，$ae=55.4\text{mm}$，由内、外图廓间的坐标标注知：$x_a=2100\text{m}$，$y_a=1100\text{m}$。则 A 点的坐标为

$$x_A=x_a+ag \cdot M=2100+0.0623\times1000=2162.3(\text{m})$$
$$y_A=y_a+ae \cdot M=1100+0.0554\times1000=1155.4(\text{m})$$

$$(8.3)$$

式中 M——比例尺分母。

由于图纸有伸缩，在图纸上量出的方格长度往往不等于实际长度，这时为了提高精度，可以按照式（8.4）计算，即

$$x_A=x_a+ag \cdot M \cdot \frac{l}{ab}$$
$$y_A=y_a+ae \cdot M \cdot \frac{l}{ad}$$

$$(8.4)$$

式中 l——方格 $abcd$ 边长理论长度，一般为 10cm；

ab、ad——直尺量取的方格边长。

8.3.2　确定图上直线的长度

如图 8.9 所示，要确定 A、B 两点的水平距离，可用如下两种方法。

1. 图解法

用卡规在图上直接卡出线段长度，再与图示比例尺比量，即可得线段 AB 的水平距离。也可以用刻有毫米的直尺量取图上长度 d_{AB} 并按比例尺（M 为比例尺分母）换算为实地水平距离，即

$$D_{AB} = d_{AB} \cdot M \tag{8.5}$$

2. 解析法

按式（8.3）或式（8.4），先求出 A、B 两点坐标，再根据 A、B 两点坐标由式（8.6）计算：

$$D_{AB} = \sqrt{(x_B - x_A)^2 + (y_B - y_A)^2} \tag{8.6}$$

8.3.3　确定图上两点间直线的坐标方位角

如图 8.9 所示，要确定直线 AB 的坐标方位角，可用下述两种方法。

1. 图解法

在图上过 A、B 点分别作出平行于纵坐标轴的直线，然后用量角器分别量出直线 AB 的正、反坐标方位角 α'_{AB} 和 α'_{BA}，取这两个量测值的平均值作为直线 AB 的坐标方位角，即

$$\alpha_{AB} = \frac{1}{2}(\alpha'_{AB} + \alpha'_{BA} \pm 180°) \tag{8.7}$$

式中，若 $\alpha'_{BA} > 180°$，取"$-180°$"；若 $\alpha'_{BA} < 180°$，取"$+180°$"。

2. 解析法

首先确定 A、B 两点坐标，然后按式（8.8）确定直线 AB 的坐标方位角。

$$\tan\alpha_{AB} = \frac{\Delta y_{AB}}{\Delta x_{AB}} = \frac{y_B - y_A}{x_B - x_A} \tag{8.8}$$

8.3.4　确定图上点的高程

地形图上某点的高程，可以用图上的等高线来确定。如图 8.10 所示，A 点在 35m 等高线上，则它的高程为 35m。K 点在 33m 和 34m 等高线之间，过 K 点作一直线基本垂直于这两条等高线，得交点 m、n，则 K 点的高程为

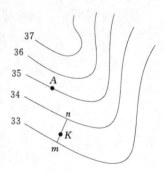

图 8.10　确定点的高程

$$H_K = H_m + \frac{d_{mK}}{d_{mn}} \cdot h \tag{8.9}$$

式中　H_K——K 点高程；

　　　h——等高距；

d_{mK}、d_{mn}——图 8.10 上 mK、mn 的长度。

8.3.5　确定两点间直线的坡度

如图 8.11 所示，A、B 两点间的高差 h_{AB} 与水平距离 D_{AB} 之比，就是 A、B 间的平均

127

坡度 i_{AB}，即

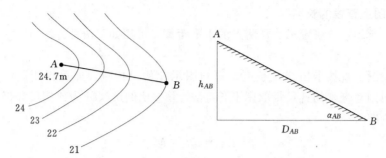

图 8.11　坡度计算

$$i_{AB} = \mathrm{tg}\alpha = \frac{h_{AB}}{D_{AB}} \tag{8.10}$$

例如，$h_{AB} = H_B - H_A = 21 - 24.7 = -3.7\mathrm{m}$，设 $D_{AB} = 98\mathrm{m}$，则 $i_{AB} = -3.8\%$。

坡度一般用百分数或千分数表示，$i_{AB} > 0$ 表示上坡；$i_{AB} < 0$ 表示下坡。

8.4　地形图在工程规划中的应用

8.4.1　绘制已知方向的纵断面图

纵断面图是反映指定方向地面起伏变化的剖面图。在道路、管道等工程设计中，为进行填、挖土（石）方量的概算、合理确定线路的纵坡等，均需较详细地了解沿线路方向上的地面起伏变化情况，为此常根据大比例尺地形图的等高线绘制线路的纵断面图。

如图 8.12 所示，欲绘制直线 AB 纵断面图。具体步骤如下。

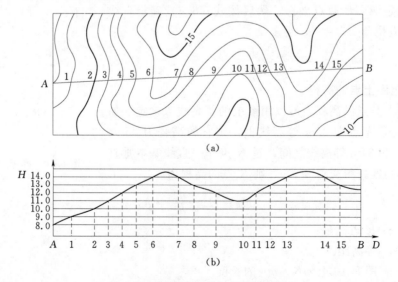

图 8.12　绘制已知方向的纵断面图

（1）在毫米格纸上绘出直角坐标系，横轴表示水平距离，纵轴表示高程。为了绘图方便，水平距离的比例尺一般选择与地形图相同；为了较明显反映线路方向的地面起伏，取高程比例尺为水平距离比例尺的10～20倍。

（2）在纵轴上标注高程，在图上沿断面方向量取两相邻等高线间的平距，依次在横轴上标出，得1、2、3、…、B点。

（3）从各点作横轴的垂线，在垂线上按各点的高程，对照纵轴标注的高程确定各点在剖面上的位置。如断面过山脊、山顶或山谷等处高程变化点的高程，可用比例尺内插法求得。

（4）用光滑的曲线连接各点，即得已知方向线 A—B 的纵断面图。

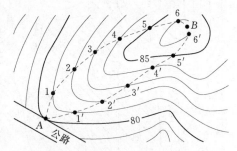

图 8.13　按规定坡度选定最短路线

8.4.2　按规定坡度选定最短路线

在道路、管道等工程规划中，一般要求按限制坡度选定一条最短路线。

如图 8.13 所示，设从公路旁 A 点到山头 B 点选定一条路线，限制坡度为 4%，地形图比例尺为 1:2000，等高距为 1m。具体方法如下。

（1）确定线路上两相邻等高线间的最小等高线平距。

$$D=\frac{h}{i}=\frac{1}{0.04}=25\text{m}$$

测图比例尺为 1:2000，则图上距离为

$$d=\frac{25}{2000}=0.0125\text{m}=1.25\text{cm}$$

（2）先以 A 点为圆心，以 d 为半径，用圆规划弧，交81m 等高线与 1 点，再以 1 点为圆心同样以 d 为半径划弧，交82m 等高线于 2 点，依次到 B 点。连接相邻点，便得同坡度路线 A—1—2—3—4—5—6—B。

在选线过程中，有时会遇到两相邻等高线间的最小平距大于 d 的情况，即所作圆弧不能与相邻等高线相交，说明该处的坡度小于指定的坡度，则以最短距离定线。

（3）另外，在图上还可以沿另一方向定出第二条线路 A-1'-2'-3'-4'-5'-6'-B，可作为方案的比较。

在实际工作中，还需考虑工程上其他因素，如少占或不占耕地，避开不良地质构造，减少工程费用等，最后确定一条最佳路线。

8.4.3　确定汇水面积和水库库容

当在山谷或河流修建大坝、架设桥梁或敷设涵洞时，需要知道有多大面积的雨水汇集在这里，这个面积成为汇水面积。汇水面积的边界是根据等高线的分水线（山脊线）来确定的。分水线的勾绘要点如下。

（1）分水线应通过山顶、鞍部及山脊，在地形图上应先找出特征的地貌，然后进行勾绘。

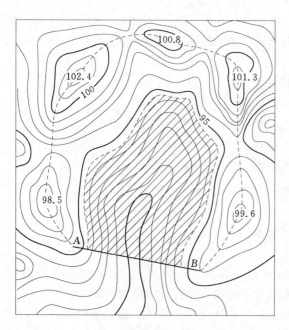

图 8.14　地形图上确定汇水面积和水库库容

（2）分水线与等高线正交。

（3）边界线由坝的一端开始，最后回到坝的另一端，形成闭合环线。

（4）边界线只有在山顶处才能改变方向。

如图 8.14 所示，从坝轴线一端 A 点开始的虚线，通过一系列的山脊线及山顶，最后回到坝的另一端 B 点，这个闭合环线包括的面积，即为汇水面积。

该坝顶设计高程为 95m，淹没高程为 94.5m，图中阴影部分为淹没面积，淹没面积内的蓄水量即为水库库容。

库容的计算可以采用等高线分层法，将整个淹没水体按高程面分层，可分 94.5m→94m（层高 0.5m）、94m→93m（层高 1m）、93m→92m（层高 1m）、92m→91m（层高 1m）、91m→90m（层高 1m）、90m 以下到最低点 89.7m（层高 0.3m），则各层体积可按下式计算

$$V_1=\frac{1}{2}(S_{94.5}+S_{94})\times0.5,\quad V_2=\frac{1}{2}(S_{94}+S_{93})\times1$$

$$V_3=\frac{1}{2}(S_{93}+S_{92})\times1,\qquad V_4=\frac{1}{2}(S_{92}+S_{91})\times1$$

$$V_5=\frac{1}{2}(S_{91}+S_{90})\times1,\qquad V_6=\frac{1}{3}S_{90}\times0.3（库底体积）$$

则该水库库容为

$$V=V_1+V_2+V_3+V_4+V_5+V_6$$

写成通用公式为

$$V=\frac{1}{2}(S_1+S_2)h_1+\left(\frac{S_2}{2}+S_3+\cdots S_n+\frac{S_{n+1}}{2}\right)h+\frac{1}{3}S_{n+1}h_2 \qquad (8.11)$$

式中　S_1、S_2、$\cdots$、S_{n+1}——各条等高线所围的面积；

　　　　h_1——淹没线与第一条等高线的高差；

　　　　h——地形图等高距；

　　　　h_2——最低一条等高线与库底最低点的高差。

8.4.4　地形图上确定土坝坡脚线

土坝坡脚线是土坝与地面的交线，施工中标定土坝坡脚线是为了确定清基范围。

如图 8.15 所示，图中 A、B 为坝轴线，坝顶设计高程为 95m，图中坝轴线两侧的粗实线即为坝顶边线，这是根据设计坝顶宽度绘制出来的，设坝的上游、下游设计坡面为 $1:3$、$1:2$，地形图等高距为 1m，则坝坡面上各条等高线的平距，上游为 3m，下游为 2m。然后，从上游坝顶边线开始，按 3m 的图上距离绘出坝坡面等高线，如图中虚线所示，该虚线与地面同高程等高线分别相交于 $11'$、$22'$、$33'$、$44'$、$55'$，再将这些点连成光滑的曲线，即为土坝的上游坡脚线，而下游坡脚线是从下游坝顶边线开始，按 2m 的图上距离绘出坝坡面等高线，其他与上游面绘制方法相同，不再赘述。

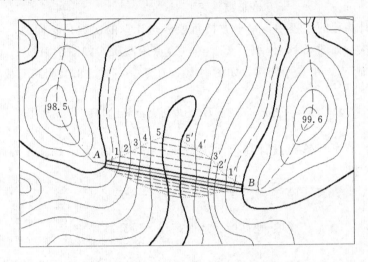

图 8.15　地形图上确定土坝坡脚线

8.4.5　地形图在平整土地中的应用

在各种工程建设中，除对建筑物要作合理的平面布置外，往往还要对原地貌作必要的改造，以便适于布置各类建筑物，排除地面水以及满足交通运输和敷设地下管道等。这种地貌改造称之为平整土地。

在平整土地的工作中，为使填、挖土石方量基本平衡，常要利用地形图确定填、挖边界和进行填、挖土石方量的概算。平整土地的方法很多，其中方格网法是最常用的一种。

如图 8.16 所示，假设要求将原地貌按挖填土方量平衡的原则改造成平面，其步骤如下。

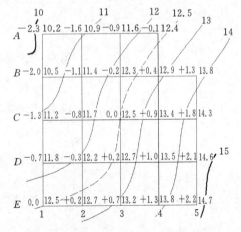

图 8.16　方格网法场地平整示意图

1. 在地形图上绘制方格网

在地形图上拟建场地内绘制方格网。方格网的大小取决于地形复杂程度、地形图比例尺大小，以及土方概算的精度要求。例如在设计阶段采用 1:500 的地形图时，根据地形复杂情况，一般边长为 10m 或 20m。方格网绘制完后，根据地形图上的等高线，用内插法求出每一方格顶点的地面高程，并注记在相应方格顶点的右上方。

2. 计算设计高程

先将每一方格顶点的高程加起来除以 4，得到各方格的平均高程，再把每个方格的平均高程相加除以方格总数，就得到设计高程 H_0。

$$H_0 = \frac{H_1 + H_2 + \cdots + H_n}{n} \tag{8.12}$$

式中　H_1、H_2、$\cdots$、H_n——每一方格的平均高程；

　　　　n——方格总数。

在计算设计高程的过程中，每个方格角顶参与计算的次数是不同的，一般有四种情况，角点用一次，如图 8.16 中 A_1、A_4、$\cdots$，边点用两次，如图中 A_2、A_3、$\cdots$，拐点用三次、如图中 B_4 点，中点用四次，如图中 B_2、B_3、$\cdots$，式（8.12）可写成如下形式

$$H_0 = (\sum H_{角} + 2\sum H_{边} + 3\sum H_{拐} + 4\sum H_{中})/4n \tag{8.13}$$

由式（8.13）可计算出设计高程为 12.5m。在图上内插出 12.5m 等高线（图中虚线），称为填挖边界线。

3. 计算挖、填高度

$$填、挖高度 = 地面高程 - 设计高程 \tag{8.14}$$

将图中各方格顶点的挖、填高度写于相应方格顶点的左上方。正号为挖深，负号为填高。

4. 计算挖、填土方量

$$\left.\begin{array}{l}
角点：挖（填）高 \times \dfrac{1}{4} 方格面积 \\[2em]
边点：挖（填）高 \times \dfrac{1}{2} 方格面积 \\[2em]
拐点：挖（填）高 \times \dfrac{3}{4} 方格面积 \\[2em]
中点：挖（填）高 \times 1\ 方格面积
\end{array}\right\} \tag{8.15}$$

设每一方格面积为 400m^2，计算的设计高程是 12.5m。图 8.17 所示为挖填方量计算截图，可以借助 Excel 的计算能力，快速的计算出设计高程、挖填高度、挖填土方量，从图中可看出，挖填方量平衡。

每一个方格挖深或填高数据已注记在方格顶点的左上方。

	A	B	D	F	G	H	I	J	K
1	挖填方量计算								
2	点号	点号属性	地面高程	设计高程	挖深	填高	所占面积	挖方量	填方量
3	A1	角点	10.2	12.5		-2.3	100.0	0.0	-230.5
4	A2	边点	10.9	12.5		-1.6	200.0	0.0	-321.0
5	A3	边点	11.6	12.5		-0.9	200.0	0.0	-181.0
6	A4	角点	12.4	12.5		-0.1	100.0	0.0	-10.5
7	B1	边点	10.5	12.5		-2.0	200.0	0.0	-401.0
8	B2	中点	11.4	12.5		-1.1	400.0	0.0	-442.0
9	B3	中点	12.3	12.5		-0.2	400.0	0.0	-82.0
10	B4	拐点	12.9	12.5	0.4		300.0	118.5	0.0
11	B5	角点	13.8	12.5	1.3		100.0	129.5	0.0
12	C1	边点	11.2	12.5		-1.3	200.0	0.0	-261.0
13	C2	中点	11.7	12.5		-0.8	400.0	0.0	-322.0
14	C3	中点	12.5	12.5	0.0		400.0	-2.0	0.0
15	C4	中点	13.4	12.5	0.9		400.0	358.0	0.0
16	C5	边点	14.3	12.5	1.8		200.0	359.0	0.0
17	D1	边点	11.8	12.5		-0.7	200.0	0.0	-141.0
18	D2	中点	12.2	12.5		-0.3	400.0	0.0	-122.0
19	D3	中点	12.7	12.5	0.2		400.0	78.0	0.0
20	D4	中点	13.5	12.5	1.0		400.0	398.0	0.0
21	D5	边点	14.6	12.5	2.1		200.0	419.0	0.0
22	E1	角点	12.5	12.5	0.0		100.0	-0.5	0.0
23	E2	边点	12.7	12.5	0.2		200.0	39.0	0.0
24	E3	边点	13.2	12.5	0.7		200.0	139.0	0.0
25	E4	边点	13.8	12.5	1.3		200.0	259.0	0.0
26	E5	角点	14.7	12.5	2.2		100.0	219.5	0.0
27	求和							2514	-2514

图 8.17　Excel 中挖填方量计算截图

8.5 面 积 量 算

在规划设计和工程建设中，常常需要在地形图上测算某一区域范围的面积，如平整土地时的填挖面积，规划设计城镇某一区域的面积，厂矿用地面积，渠道和道路工程的填、挖断面的面积、汇水面积等。下面我们介绍几种量测面积的常用方法。

8.5.1 解析法求算面积

当要求测定面积具有较高精度，且图形为多边形，各顶点的坐标值为已知值时，可采用解析法计算面积。

如图 8.18 所示，欲求四边形 1234 的面积，已知其顶点坐标为 $1(x_1，y_1)$、$2(x_2，y_2)$、$3(x_3，y_3)$ 和 $4(x_4，y_4)$。则其面积相当于相应梯形面积的代数和，即：

$$S_{122'1'} = \frac{1}{2}(x_1 + x_2)(y_2 - y_1)$$

$$S_{233'2'} = \frac{1}{2}(x_2 + x_3)(y_3 - y_2)$$

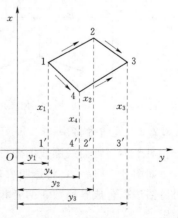

图 8.18　坐标解析法

133

$$S_{144'1'} = \frac{1}{2}(x_1 + x_4)(y_4 - y_1)$$

$$S_{433'4'} = \frac{1}{2}(x_3 + x_4)(y_3 - y_4)$$

$S_{1234} = S_{122'1'} + S_{233'2'} - S_{144'1'} - S_{433'4'}$

$$= \frac{1}{2}\left[(x_1 + x_2)(y_2 - y_1) + (x_2 + x_3)(y_3 - y_2) + (x_1 + x_4)(y_4 - y_1) + (x_3 + x_4)(y_3 - y_4)\right]$$

整理得：

$$S_{1234} = \frac{1}{2}\left[x_1(y_2 - y_4) + x_2(y_3 - y_1) + x_3(y_4 - y_2) + x_4(y_1 - y_3)\right]$$

对于任意 n 边形，其面积公式的一般式为

$$S = \frac{1}{2}\sum_{i=1}^{n} x_i(y_{i+1} - y_{i-1}) \tag{8.16}$$

$$S = \frac{1}{2}\sum_{i=1}^{n} y_i(x_{i+1} - x_{i-1}) \tag{8.17}$$

式中　i——多边形各顶点的序号。

当 i 取 1 时，$i-1$ 就为 n，当 i 为 n 时，$i+1$ 就为 1。式（8.16）和式（8.17）的运算结果应相等，可作校核。

8.5.2　图解法量测面积

8.5.2.1　几何图形法

若图形是由直线连接的多边形，可将图形划分为若干个简单的几何图形，如图 8.19 所示的三角形、矩形、梯形等。然后用比例尺量取计算所需的元素（长、宽、高），应用面积计算公式求出各个简单几何图形的面积，最后取代数和，即为多边形的面积。图形边界为曲线时，可近似地用直线连接成多边形，再计算面积。

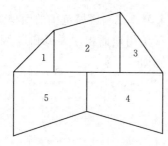

图 8.19　几何图形法

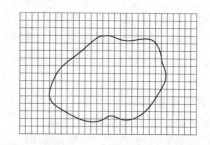

图 8.20　透明方格法

8.5.2.2　透明方格法

对于不规则曲线围成的图形，可采用透明方格法进行面积量算。

如图 8.20 所示，将透明方格纸覆盖在图形上，先数整数格数，然后将不够一整格的用目估法折合成整格数，两者相加得总格数，已知每一个小方格的面积，可用下式计算其面积。

$$S = nS_0 \tag{8.18}$$

式中　S——所量的图形面积；

n——总方格数；

S_0——1 个方格的面积。

8.5.2.3 平行线法

方格法的量算受到方格凑整误差的影响，精度不高，为了减少边缘因目估产生的误差，可采用平行线法。

如图 8.21 所示，量算面积时，将绘有间距 $d=1\text{mm}$ 或 2mm 的平行线组的透明纸覆盖在待算的图形上，则整个图形被平行线切割成若干等高 d 的近似梯形，上、下底的平均值用 L_i 表示，则图形的总面积为：

$$S=dl_1+dl_2+\cdots+dl_n \tag{8.19}$$

则

$$S = d\sum_{i=1}^{n} l_i \tag{8.20}$$

8.5.3 求积仪法

求积仪是一种专门用来量算图形面积的仪器。其优点是量算速度快，操作简便，适用于各种不同几何图形的面积量算而且能保持一定的精度要求。求积仪有机械求积仪和电子求积仪两种，在此仅介绍电子求积仪。

电子求积仪具有操作简便、功能全、精度高等特点。有定极式和动极式两种，现以 KP-70N 动极式电子求积仪为例说明其特点及其量测方法。

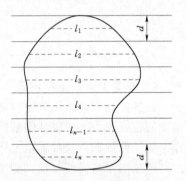

图 8.21 平行线法

（1）构造。电子求积仪由三大部分组成：一是动极和动极轴；二是微型计算机；三是跟踪臂和跟踪放大镜。

（2）特点。该仪器可进行面积累加测量，平均值测量和累加平均值测量，可选用不同的面积单位，还可通过计算器进行单位与比例尺的换算，以及测量面积的存贮，精度可达 1/500。

（3）测量方法。电子求积仪的测量方法如下。

1）将图纸水平固定在图板上，把跟踪放大镜放在图形中央，并使动极轴与跟踪臂成 70°。

2）开机后，用"UNIT-1"和"UNIT-2"两功能键选择好单位，用"SCALE"键输入图的比例尺，并按"R-S"键，确认后，即可在欲测图形中心的左边周线上标明一个记号，作为量测的起始点。

3）然后按"START"键，蜂鸣器发出响声，显示零，用跟踪放大镜中心准确地沿着图形的边界线顺时针移动一周后，回到起点，其显示值即为图形的实地面积。为了提高精度，对同一面积要重复测量三次以上，取其均值。

第9章 施工测设的基本方法

【学习内容及教学目标】

了解施工测量的基本知识及主要内容；理解施工控制网的布设；掌握施工放样的基本工作；掌握点位和高程的测设方法。

【能力培养要求】

(1) 具有施工控制网与测图控制网的换算能力。

(2) 具有点位及高程的测设能力。

9.1 概　　述

9.1.1 施工测量的基本知识

在各种建筑物施工阶段所进行的测量工作称为施工测量。在施工阶段，要求将拟建建筑物的位置和大小按设计图纸的要求用一定的测量仪器和测量方法在施工现场标定出来，作为施工的依据，这种标定工作称为施工放样，也称测设。

施工测量与测图相反，测图是将地物地貌绘制到图纸上，而施工测量则是将图纸上设计好的建筑物标定到实地上去。例如，水平角度的观测是在测站上测量两个已知方向之间的夹角；而水平角度放样是根据设计图上的角度值，以某一已知方向为依据，在测站上将另一待定方向标定在实地上。

9.1.2 施工测量的原则

建筑物的施工测量也必须遵循"先整体后局部，先控制后碎步"的测量基本原则和工作程序。首先是根据工程总平面图和地形条件建立施工控制网，根据施工控制网点在实地确定出各建筑物的主轴线和辅助轴线，再根据主轴线和辅助轴线标定建筑物的各个细部点。采用这样的工作程序，能确保建筑物几何关系的正确，而且使施工放样工作可以有条不紊的进行，避免误差累积。

9.1.3 施工测量的主要内容

施工测量贯穿于整个施工过程中，它的主要内容包括。

1. 建立与工程相适应的施工控制网

为了把规划设计的建筑物准确地在实地上标定出来，以便于各项工作的平行施工，施工测量时要在施工场地建立平面控制网和高程控制网，作为建筑物定位及细部测设的依据。

2. 建筑物的放样及设备安装的测量工作

施工前，应按照设计要求，利用施工控制网把建筑物和各种管线的平面位置及高程在实地标定出来，作为施工的依据；在施工过程中要及时测设建筑物的轴线和标高位置，并对构件和设备安装进行校准测量。

3. 检查及竣工验收测量工作

每道工序完成后，都要通过实地测量检查施工质量并进行验收，同时根据检测验收的记录，整理竣工资料和编绘竣工图，为鉴定工程质量和日后维修与改、扩建提供依据。

9.1.4 施工测量前的准备工作

现代建筑工程施工项目规模大、施工进度快、精度要求高，因此施工测量前应做好一系列的准备工作，具体包括以下几项。

1. 收集相关资料

这些资料包括工程总平面图、施工组织设计、基础平面图、建筑施工图、设备安装图和测绘成果等。

2. 编制施工测量方案

包括施工测量的具体任务、成果精度要求、进度计划、人员组织安排、测量方法及所用测量仪器设备等。根据所收集的资料及工程质量的要求，结合施工现场条件和自身的测绘仪器设备情况来进行编制。

3. 准备仪器设备

选用符合施工测量精度的仪器及设备，并需要具有国家技术监督局对仪器定期检验的检验合格证书。

4. 编制放样图表

认真核算图纸上的尺寸和数据，计算放样数据，编制放样图表。

施工测量是保证建筑工程施工项目质量的一个非常重要的环节，测量人员应有高度的责任心及过硬的施工测量技术和能力，测量过程中还应采用不同的方法加强外业、内业的校准核对工作，杜绝差错，确保施工测量成果质量。

9.2　施工控制网的布设

为工程施工所建立的控制网称为施工控制网。施工控制网分平面控制网和高程控制网，其主要目的是为建筑物的施工放样提供依据。因此，施工控制网的布设应密切结合工程施工的需要及建筑场地的地形条件，选择适当的控制网形式和合理的布网方案。

9.2.1 施工控制网的特点

相对于测图控制网来说，施工控制网一般具有以下特点。

1. 控制范围小，精度要求高，控制点密度大

与测图控制网所控制的范围相比较，工程施工控制网的范围较小。因为在勘测阶段，建筑物位置尚未确定，要进行多个方案比较，因而测图范围较大，要求测图控制范围就大。工程控制网是在工程总体布置已定的情况下来进行布设的，其控制范围就较小。

施工控制网点主要用于放样建筑物的主要轴线，这些轴线的放样精度要求较高。例如，水力发电厂房主轴线定位的精度要求为±10mm，与地形测图相比这样的精度要求是相当高的。

2. 控制点使用频繁

从施工开始至工程竣工的整个施工过程中，放样工作相当多。在建筑物的不同高度上，建筑物的形状和尺寸一般都不相同。

3. 受施工干扰大

在工程施工现场，各种施工机械和车辆很多。而且，由于各个建筑物都是分层施工的，其高度相差悬殊较大，影响控制点间的相互通视，给施工方案带来很多困难。因此，控制点的点位分布要恰当，具有足够的密度，以能灵活选择控制点，便于放样。

9.2.2 控制网的布设形式

施工控制网分平面控制网和高程控制网两种。

1. 平面控制网的建立

如果在建筑区域内保存有原来的测图控制网，且能满足施工放样的精度要求，则可用作施工控制网，否则应重新布设施工控制网。

平面控制网一般分为两级布设。首级为基本控制网，它起着控制各建筑物主轴线的作用；另一级是定线网（或称放样网），它直接控制建筑物的辅助轴线及细部位置。

目前，常用的平面施工控制网形式有：三角网（包括测角三角网、测边三角网和边角网）、导线网、GPS网等，对于不同的工程要求和具体地形条件可选择不同的布网形式。如对于位于山岭地区的工程（水利枢纽、桥梁、隧道等），一般可采用三角网（或边角网）的方法建网；对于地形平坦的建设场地，则可采用任意形式的导线网；对于建筑物布置密集而且规则的工业建设场地可采用矩形控制网（即所谓的建筑方格网）。有时布网形式可以混合使用，如首级网采用三角网，在其下加密的控制网则可以采用矩形控制网。

施工控制点必须根据施工区的范围、地形条件、建筑物的位置和建筑要求、施工的方法和程序等因素进行选择。基本网一般布设在施工区域以外，以便长期保存；定线网应尽可能靠近建筑物，以便放样。

2. 高程控制网的建立

高程控制网一般也分为两级。一级水准网与施工区域附近的国家水准点联测，布设成闭合（或附合）形式，称为基本网。基本网的水准点应布设在施工爆破区外，作为整个施工期间高程测量的依据。另一级是由基本水准点引测的临时性作业水准点，它应尽可能靠近建筑物，以便做到安置一次或两次仪器就能进行高程放样。

在起伏较大的山岭地区，平面控制网和高程控制网通常是各自单独布设，在平坦区域（如工业建筑场地），常常将平面控制网点同时作为高程控制点，组成水准网进行高程观测，使两种控制网点合为一体。但作高程起算的水准基点，则要按照专门的设计单独进行埋设。

9.2.3 施工坐标系

在进行工程总平面图设计时，为了便于计算和使用，建筑物的平面位置一般采用施工坐标系的坐标来表示。所谓施工坐标系，就是以建筑物的主轴线或平行于主轴线的直线为坐标轴而建立起来的坐标系统。为了避免整个测区出现坐标负值，施工坐标系的原点应设在施工总平面图西南角之外，也就是假定某建筑物主轴线的一个端点的坐标是一个比较大的正值。

如图9.1所示，图中 AB 为施工场地主轴线，如采用该主轴线作为 x' 轴，主轴线端点 A 作为原点，从图9.1 (a) 可看出，房屋I的四个角点1、2、3、4的横坐标皆为负值，这样给施工放样工作带来麻烦，所以设主轴线端点 A 的坐标为（2000.00m，10000.00m），从图9.1 (b) 可看出，实际上是将原点推出施工区域，这样，使施工区域的所有建筑物的放样坐标皆为正值。

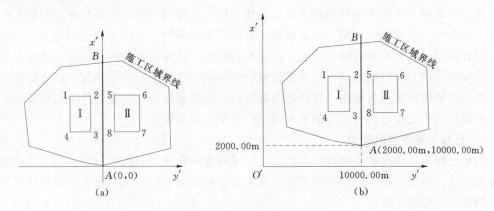

图 9.1 施工坐标系的平移原理

为了计算放样数据的方便，施工控制网的坐标系统一般应与施工总平面图的施工坐标系统一致。因此，布设施工控制网时，应尽可能把工程建筑物的主要轴线当做施工控制网的一条边。施工坐标系统与测图坐标系统是有区别的。当施工控制网与测图控制网发生联系时，就可能要进行坐标换算。所谓坐标换算，就是把一个点的施工坐标系的坐标换算成测图坐标系的坐标，或是将一个点的测图坐标系的坐标换算成施工坐标系中的坐标。

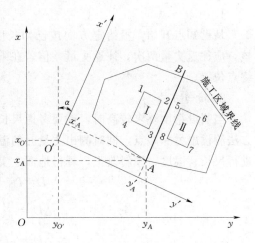

图 9.2 施工坐标系和测图坐标系的换算

如图9.2所示，xOy 为测图坐标系，$x'O'y'$ 为施工坐标系。设 A 点在测图坐标系中的坐标为 x_A、y_A，在施工坐标系的坐标为 x'_A、y'_A。另设施工坐标系原点 O' 在测图坐标系的坐标为 $(x_{O'}, y_{O'})$，则

$$\left.\begin{array}{l} x_A = x_{O'} + x'_A \cos\alpha - y'_A \sin\alpha \\ y_A = y_{O'} + x'_A \sin\alpha + y'_A \cos\alpha \end{array}\right\} \tag{9.1}$$

$$\left.\begin{array}{l} x'_A = (y_A - y_{O'})\sin\alpha + (x_A - x_{O'})\cos\alpha \\ y'_A = (y_A - y_{O'})\cos\alpha - (x_A - x_{O'})\sin\alpha \end{array}\right\} \tag{9.2}$$

式中　$x_{O'}$——施工坐标系的坐标原点 O' 在测图坐标系中的纵坐标，m；

　　　　$y_{O'}$——施工坐标系的坐标原点 O' 在测图坐标系中的横坐标，m；

　　　　α——两坐标系纵坐标轴的夹角。

$x_{O'}$、$y_{O'}$ 和 α 总称为坐标换算元素，一般由设计文件明确给定。在进行坐标换算时要

特别注意 α 角的正、负值。规定施工坐标纵轴 $O'x'$ 在测图坐标系纵轴 Ox 的右侧时 α 角为正值；若 $O'x'$ 轴在 Ox 轴的左侧，α 角值为负。

9.3 基本测设工作

施工测量的基本任务是把图纸上设计的建（构）筑物的一些特征点位置在实地上标定出来，作为施工的依据，可见，施工测量的根本任务是测设。测设工作是根据工程设计图纸上设计的建（构）筑物的轴线位置、尺寸及其高程，计算出待建的建（构）筑物各特征点（或轴线交点）与控制点（或已建成建筑物特征点）之间的距离、角度、高差等测设数据，然后以地面控制点为根据，将待建的建（构）筑物的特征点在实地标定出来以便于施工。测设的基本工作是测设已知的水平距离、水平角和高程。

9.3.1 已知水平距离的测设

测设已知水平距离就是根据已知的起点、线段方向和两点间的水平距离找出另一端点的地面位置。测设已知水平距离所用的工具与丈量地面两点间的水平距离相同，即钢尺和光电测距仪（或全站仪）。

9.3.1.1 用钢尺测设已知水平距离

1. 一般方法

从已知点开始，沿给定方向按已知长度值，用钢尺直接丈量定出另一端点。为了检核，应往返丈量两次，往返丈量差值若在限差以内取其平均值作为最终结果，并适当改动终点位置。

2. 精确方法

当测设精度要求较高时，就要考虑尺长不准、温度变化及地面倾斜的影响。先按一般方法测设出另一端点，同时测出丈量时的温度和两点间的高差，然后，根据设计水平距离进行尺长、温度、倾斜改正，算得地面上实际距离为

$$D = D_0 - \Delta D_l - \Delta D_t \qquad (9.3)$$

$$\left. \begin{array}{l} \Delta D_l = \dfrac{\Delta l}{l_0} \times D_0 \\[2mm] \Delta D_t = \alpha D_0 (t - 20℃) \end{array} \right\} \qquad (9.4)$$

式中　D——用钢尺沿地面量出的长度，m；

D_0——应放样的水平距离，m；

ΔD_l——总的尺长改正数，m；

Δl——尺长改正数，m；

l_0——所用钢尺的名义长度，m；

ΔD_t——温度改正数，m；

α——钢尺的膨胀系数，m/℃，一般取 $\alpha = 1.2 \times 10^{-5}$；

t——放样时的温度，℃。

【例 9.1】 设需从一点起沿某直线方向测设水平距离 27.985m，已知所用钢尺的尺长方程式为 $l_{30} = 30\text{m} + 0.003\text{m} + 1.2 \times 10^{-5} \times 30\text{m}(t - 20℃)$，在放样现场测得气温为 25℃，

问需从该端点起沿该直线方向丈量多长才能得到两个端点之间的水平距离为 27.985m?

【解】

由尺长方程式可知，钢尺的名义长度为 30m，该尺在标准温度为 20℃时，钢尺长度比名义长度长 0.003m。因此，用该尺测设该长度的尺长改正数为

$$\Delta D_t = \frac{\Delta l}{l_0} \times D_0 = \frac{0.003}{30} \times 27.985 = 0.003 (\text{m})$$

由于测量温度 $t = 25℃$，所以温度改正数为

$$\Delta D_t = \alpha D_0 (t - 20℃) = 1.2 \times 10^{-5} \times 27.985 \times (25 - 20) = 0.002 (\text{m})$$

因为放样长度与测量长度程序相反，各项改正数的符号与丈量距离加上的改正数的符号相反。所以，沿直线方向，用该钢尺应丈量的长度为

$$D = D_0 - \Delta D_t - \Delta D_t = 27.985 - 0.003 - 0.002 = 27.980 (\text{m})$$

如果放样长度的地面为斜坡，则必须测定地面上两端点的高差，然后按下式计算倾斜改正数

$$\Delta D_h = +\frac{h^2}{2D_0} \tag{9.5}$$

式中 ΔD_h ——倾斜改正数，m;

  h ——两端点之高差，m;

  D_0 ——应放样的水平距离，m。

因此，沿倾斜地面应测设的距离按下式计算

$$D = D_0 - \Delta D_t - \Delta D_t + \Delta D_h \tag{9.6}$$

若是倾斜地面，也可以把尺子拉成水平进行放样。如果放样的长度超过一整尺段，也可采用下列测设方法。

如图 9.3 所示，先从已知点 A，按设计长度 D，用一般方法定出 B' 点，再多次精确丈量 AB'，并进行尺长改正、温度改正和倾斜改正，求得的 AB' 长度 D'。若 D' 与 D 不相符，则按式（9.7）计算改正数，即

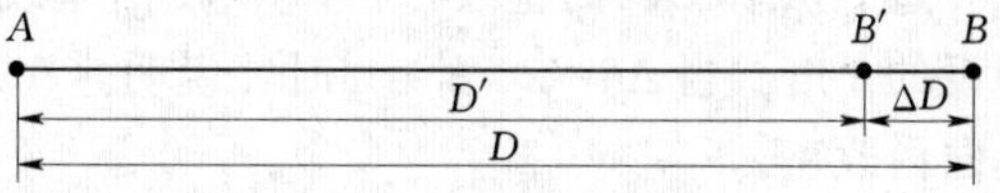

图 9.3 钢尺量距方法

$$\Delta D = D - D' \tag{9.7}$$

沿 AB 直线方向，对 B' 点进行改正，即可确定出 B 点的正确位置。如 ΔD 为正，应向外改正；如 ΔD 为负，则向内改正。

9.3.1.2 用光电测距仪测设已知水平距离

用光电测距仪测设已知水平距离时，可先在给定方向上目估安置反射棱镜，用测距仪测出水平距离设为 D'，若 D' 与欲测设的距离 D 相差 ΔD，则可前后移动反射棱镜，直至测出的水平距离为 D 为止。

9.3.2 测设已知水平角

测设已知水平角就是根据水平角的已知数据和一个已知方向，把该角的另一个方向测设到实地上。

1. 一般方法

如图 9.4 所示，设地面上已有 OA 方向线，测设水平角 $\angle AOC$ 等于已知角值 β。测设时将经纬仪安置在 O 点，用盘左瞄准 A 点，读取度盘读数，松开水平制动螺旋，旋转照准部，当度盘读数增加 β 角时，在视线方向上定出 C'。然后用盘右重复上述步骤，测设得另一点 C''，取 C' 和 C'' 的中点 C，则 $\angle AOC$ 就是要测设的 β 角，OC 方向就是需要测设的方向。这种测设角度的方法通常称为正倒镜分中法。

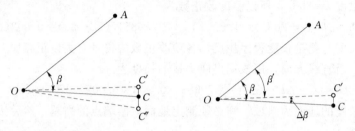

图 9.4　角度测设的一般方法　　　图 9.5　角度测设的精确方法

2. 精确方法

如图 9.5 所示，在 O 点安置经纬仪，先用一般方法测设 β 角值，在地面上定出 C' 点，再用测回法观测角 $\angle AOC'$ 几个测回（测回数由精度要求决定），取各测回平均值为 β'，即

$$\angle AOC' = \beta'$$

当 β 和 β' 的差值 $\Delta\beta$ 超过限差时，需进行改正。根据 $\Delta\beta$ 和 OC' 的长度计算出改正值 CC'，即

$$CC' = OC' \times \tan\Delta\beta = \frac{OC' \times \Delta\beta'}{\rho''} \tag{9.8}$$

过 C' 点作 OC' 的垂线，再以 C' 点沿垂线方向量取 CC'，定出 C 点。则 $\angle AOC$ 就是要测设的 β 角。当 $\Delta\beta = \beta - \beta' > 0$ 时，说明 $\angle AOC'$ 偏小，应从 OC' 垂线方向向外改正；反之，应向内改正。

【例 9.2】　已知地面上 A、O 两点，要测设直角 $\angle AOC$。

【解】

在 O 点安置经纬仪，采用正倒镜分中法测设得点 C'，量得 $OC' = 50\text{m}$，用测回法观测三个测回，测得 $\angle AOC' = 80°59'30''$。

$$\Delta\beta = 90°00'00'' - 80°59'30'' = 30''$$

$$CC' = \frac{OC' \times \Delta\beta'}{\rho''} = \frac{50 \times 30''}{206265''} = 0.007(\text{m})$$

过 C' 点作 OC' 的垂线 CC' 向外量 $CC' = 0.007\text{m}$ 定得 C 点，则 $\angle AOC$ 即为直角。

9.3.3　测设已知高程

测设已知高程是根据附近水准点，用水准测量的方法将已知的高程测设到实地上。

1. 常规测设

如图 9.6 所示，在某设计图纸上已确定建筑物的室内地坪高程为 50.450m，附近有一水准点 A，其高程 $H_A = 50.000\text{m}$。现在要把该建筑物的室内地坪高程放样到木桩 B 上，作为施工时控制高程的依据。其方法如下。

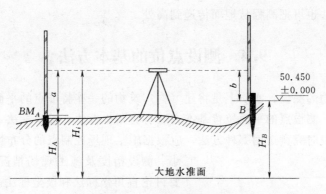

图 9.6 常规测设高程点

（1）安置水准仪于 A、B 之间，在 A 点上竖立水准尺，测得后视读数 $a=1.215$m。

（2）计算视线高及 B 点水准尺上的读数

$$H_i = H_A + a = 50.000 + 1.215 = 51.215 \text{(m)}$$

$$b = H_i - H_B = 51.215 - 50.450 = 0.765 \text{(m)}$$

（3）在 B 点立尺，并沿木桩侧面上下移动，直到尺上读数为 0.765m 时，这时紧靠尺底在木桩上划红线或钉一个小钉，其高程记即为 B 点的设计高程。

2. 传递测设

若测设点与已知水准点的高差较大，用常规测设方法无法进行时，可用钢尺直接丈量竖直距离或悬挂钢尺引测高差，将高程传递到高处或低处。

如图 9.7 所示，某基坑开挖，为便于平整基坑底部，需在 B 点设置水平桩，其设计高程为 H_B，场地周边有已知水准点 A，高程为 H_A。首先在坑边架设吊杆，杆顶吊一根零点向下的钢尺，尺的下端挂上重锤，为保持悬挂钢尺稳定，可把重锤浸与液体中。然后在地面和坑内各安置一台水准仪，安置在地面上的水准仪读得 A 点后视读数 a_1 和钢尺上的前视读数 b_1；安置在坑底的水准仪读得钢尺上的后视读数 a_2，则水平桩 B 点应有的前视读数为

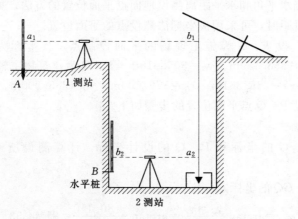

图 9.7 传递测设高程点

$$b_2 = H_A + a_1 - b_1 + a_2 - H_B \tag{9.9}$$

用同样的方法也可把高程从地面传递到高处。

9.4　测设点位的基本方法

建（构）筑物的测设，实质上是将建（构）筑物的一些特征点的平面位置和高程标定于实地施工现场。测设点的平面位置基本方法有直角坐标法、极坐标法、角度交会法和距离交会法等。测设时究竟选用哪种方法，应根据施工现场控制点的分布情况、建筑物的大小、测设精度及施工现场情况来选择。本节主要讨论直角坐标法和极坐标法。

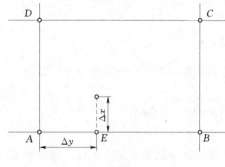

图 9.8　矩形控制网定点

9.4.1　直角坐标法

直角坐标法是根据直角坐标原理进行点位放样的。当施工场地上有互相垂直的主轴线或布置了矩形控制网时就可以用直角坐标法进行测设。

如图 9.8 所示，已知某矩形控制网的四个角点 A、B、C、D 的坐标，现需测设建筑物角点 P，则测设方法如下。

1. 测设数据计算

$$\Delta X_{AP} = X_P - X_A$$
$$\Delta Y_{AP} = Y_P - Y_A$$

2. 测设

安置仪器于 A 点，瞄准 B 点定向，沿该方向由 A 点起测设距离 Δy 得 E 点，打下木桩标定点位；搬经纬仪至 E 点，瞄准 A 点定向，向右测设 $90°$ 角，沿此方向测设距离 Δx，即得 P 点，打下木桩标定点位。同样方法可以测设其他点位。

9.4.2　极坐标法

极坐标法是根据水平角和水平距离测设地面点平面位置的方法。如果测量控制点离放样点较近，且便于量距时，可采用极坐标法测设点的平面位置。

如图 9.9 所示，设 F、G 为施工现场的平面控制点，其坐标为：$x_F = 346.812\mathrm{m}$、$y_F = 225.500\mathrm{m}$；$x_G = 358.430\mathrm{m}$、$y_G = 305.610\mathrm{m}$。P、Q 为建筑物主轴线端点，其设计坐标 $x_P = 370.000\mathrm{m}$、$y_P = 235.361\mathrm{m}$；$x_Q = 376.000\mathrm{m}$、$y_Q = 285.000\mathrm{m}$。

用极坐标法测设 P、Q 点平面位置的步骤如下。

1. 计算放样数据

根据控制点 F、G 的坐标和 P、Q 的设计坐标，计算测设所需的数据 β_1、β_2 及 D_1、D_2。

计算 FG、FP、GQ 的坐标方位角

$$\alpha_{FG} = \arctan \frac{y_G - y_F}{x_G - x_F} = \arctan \frac{+80.110}{+11.618} = 81°44'53''$$

$$\alpha_{FP} = \arctan \frac{y_P - y_F}{x_P - x_F} = \arctan \frac{+9.861}{+23.188} = 23°02'18''$$

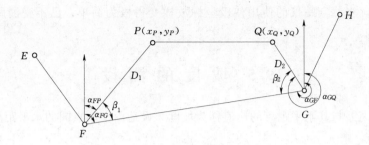

图 9.9 极坐标法

$$\alpha_{GQ} = \arctan \frac{y_Q - y_G}{x_Q - x_G} = \arctan \frac{-20.610}{+17.570} = 310°26'51''$$

计算 β_1、β_2 的角值

$$\beta_1 = \alpha_{FG} - \alpha_{FP} = 81°44'53'' - 23°02'18'' = 58°42'35''$$

$$\beta_2 = \alpha_{GQ} - \alpha_{GF} = 310°26'51'' - 261°44'53'' = 48°41'58''$$

计算距离 D_1、D_2

$$D_1 = \sqrt{(x_P - x_F)^2 + (y_P - y_F)^2} = \sqrt{23.188^2 + 9.861^2} = 25.198(\text{m})$$

$$D_2 = \sqrt{(x_Q - x_G)^2 + (y_Q - y_G)^2} = \sqrt{17.570^2 + (-20.610)^2} = 27.083(\text{m})$$

2. 测设

将经纬仪安置于 F 点，瞄准 G 点，按逆时针方向测设 β_1 角，得到 FP 方向；再沿此方向测设水平距离 D_1，即得到 P 点的平面位置。用同样的方法测设出 Q 点。然后丈量 PQ 之间的距离，并与设计长度相比较，其差值应在允许范围内。

如果使用全站仪按极坐标法测设点的平面位置，则更为方便。如图 9.10 所示，设欲测设 P 点的平面位置，其具体测量步骤如下。

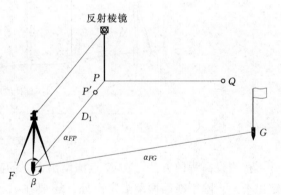

图 9.10 全站仪极坐标法放样

（1）测站建站。把全站仪安置在 F 点，输入测站点 F 点和定向点 G 点的坐标，照准 G 点进行定向。

（2）将放样点 P 点的设计坐标输入全站仪，即可自动计算出测设数据水平角 β 及水平距离 D_1。

（3）测设已知角度 β，仪器能自动显示偏离角值，当偏离角值为零时，在视线方向上指挥持反射棱镜者把棱镜安置在 P 点附近的 P' 点。

（4）观测者指挥手持棱镜沿已知方向线前后移动棱镜，观测者能在仪器显示屏上得到瞬时水平距离。当显示值等于待测设的已知水平距离值，即可初定出 P 点位置。在 P 点安置棱镜，用测距仪或全站仪精密测量距离，如有误差，用小钢尺丈量改正即可。

经纬仪极坐标法是根据水平角和距离测设点的平面位置。适用于测设距离较短，且便于量距的情况。当然全站仪的使用使极坐标放样变得极为简单，已不受测距困难与否的影响。

9.5　坡度的测设

两点间的高差与其水平距离的比值称为坡度。设地面上两点间的水平距离为 D，高差为 h，坡度为 i，则

$$i = \frac{h}{D} \tag{9.10}$$

坡度可用百分率（％）表示，也可以用（‰）表示。

已知坡度的测设就是根据一点的高程位置，沿给定的方向，在该方向上定出其他一些点的高程位置，使这些点的高程位置在给定的设计坡度线上。如图 9.11 所示，A 点的高程为 H_A，A、N 点的水平距离为 D_{AN}，直线 A、N 的测设坡度为 i_{AN}，则可计算出 N 点的设计高程为

$$H_N = H_A + i_{AN} D_{AN} \tag{9.11}$$

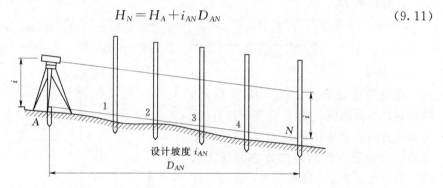

图 9.11　坡度线的测设

按测设高程的方法，在 N 点测设出 H_N 的高程位置，则 A 点与 N 点的设计坡度线就定出来了。除了线路两端点定出外，还要在 A、N 两点之间定出一系列点，使它们的高程位置能位于 AN 所在的同一坡度线上。测设时，将水准仪（当设计坡度较大时可用经纬仪）安置在 A 点，并使水准仪基座上的一只脚螺旋在 AN 方向上，另两只脚螺旋的连线与 AN 方向垂直，量取仪器高为 i，用望远镜瞄准立于 N 点的水准尺，调整 AN 方向上的脚螺旋，使十字丝的中丝在水准尺上的读数为仪器高 i，这时仪器的视线平行于所测设的坡度线，然后在 AN 中间的各点 1、2、3、…的桩上立水准尺，只要各点水准点的读数为 i，则尺子底部即位于设计坡度线上。

第10章 渠 道 测 量

【学习内容及教学目标】

通过本章学习，了解渠道测量的工作任务；掌握中线测量、纵横断面测量、纵横断面图的绘制；基本掌握土石方量的计算以及渠道施工放样的基本方法。

【能力培养要求】

（1）具有圆曲线计算及放样能力。

（2）具有纵横断面测量及纵横断面图绘制能力。

（3）具有渠道土石方量计算及渠道施工断面放样能力。

10.1 渠道测量概述及踏勘选线

10.1.1 渠道测量概述

渠道是常见的普通水利工程。无论灌溉、排水或引水发电，都经常兴修渠道。在渠道勘测、设计和施工中所进行的测量工作，称为渠道测量。主要内容包括：踏勘选线、中线测量、纵横断面测量、土方计算和施工断面放样等。渠道测量的内容和方法与一般道路测量基本相同，都是沿着选定的路线方向进行，因此属于线路测量的范畴。

10.1.2 踏勘选线

踏勘选线的任务，是根据水利工程规划所定的渠线方向、引水高程和设计坡度，在实地确定一条既经济又合理的渠道中线位置。中线选择应考虑以下因素。

（1）选线应尽量短而直，力求避开障碍物，以减少工程量。

（2）灌溉渠道应尽量选在地势较高地带，排水渠应尽量选在排水区地势较低处。

（3）中线应选在土质较好、坡度适宜的地带，以防渗漏、冲刷、淤塞或坍塌。

（4）避免经过大挖方、大填方地段，以便省工省料和少占用耕地。

如果兴建的渠道较长，规模较大，应该先在地形图上进行初步选线，然后到现场踏勘校对，结合实际情况进行修改，最后确定渠道起点、转折点和终点，并用木桩标定这些点的位置，绘制点位略图，以便日后寻找。如果渠道较短，规模很小，可以直接在实地选线。

总的来说，选定渠线时必须考虑到灌溉面积较大，而且占用耕地少，开挖或填筑的土石方量少，所需修建的附属建筑物少；同时也要考虑到渠道沿线有较好的地质条件，尽量避免通过沙滩等不良地段，以免发生严重的渗漏和塌方现象。

在平原地区选择渠线时，渠线应尽可能选成直线。如遇接线转弯时，应在转折处打下木桩，在山区或丘陵地区选择渠线时，渠道一般是环山而走。为了控制渠道高程，必须探定渠线位置。若渠线选得过低，则施工时要填高渠底才能过水，而填方容易被冲垮，增加维护渠道的困难，所以盘山渠一般要求挖方避免填方。但是，若选得过高则开挖的土方量过大，造成不必要的浪费。为此，可根据渠首引水高程、渠道比降和渠道上某点至渠首的距离，即可算出该点应有的高程，然后用水准仪在地上探测其位置。

10.2 中 线 测 量

10.2.1 平原区的中线测量

当渠道中线的转折点在地面上标定后，即可用皮尺或测绳丈量渠线的长度，标定渠道的中心桩，这个工作称为中线测量。丈量时一般每隔100m（或50、20m等整数）在渠道中心线上打一个标明里程的木桩，叫做"里程桩"。丈量渠线的工作应从渠首开始，起始桩的里程为0+000。+号之前为千米数，+号之后为米数，若每100m打一个桩，起点桩为0+000，其余桩分别为0+100、0+200、0+300、…依此类推。

当渠道越过山沟、山岗等地形突然变化的地方，除按每隔一定的距离打一个里程桩之外，为了反映实际地形情况，还必须在地形变化的地方增打一些桩，叫做"加桩"。如图10.1所示，在沟的一边加桩的桩号为2+265，沟对边加桩号为2+327，表示沟宽62m，沟中加桩2+310表示沟底；2+200、2+300、2+400均为每隔100m所打的里程桩。渠线上拟修建的各种建筑物的位置，例如渡槽、隧洞和涵洞的位置，其起点和终点部位要另打加桩。在渠道上所打的里程桩和加桩，通称为中心桩。在丈量中线和打中心桩的同时，应由专人绘制沿线地形、地物草图。在图上标出各里程桩的位置和记录沿线地质、地貌、地物和土、石分界线等情况。

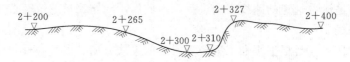

图 10.1 中心桩布置图

对于渠道上的拐弯处，若渠道的流量不大，可以适当多打一些加桩，随弯就弯，使水能平顺地流动。若是流量较大的渠道，则应在渠道拐弯处设一段圆曲线，使水沿着曲线方向流动，以免冲刷渠道，这时渠线上的里程桩和加桩均应设置在曲线上，并按曲线长度计算里程。

10.2.2 山丘区的中线测量

对于环山而走的渠道，当渠线的大致走向确定以后，中线测量往往和探测渠线的位置同时进行，以便根据中线丈量的距离算出各探测点的高程。如图10.2所示，为了探测 B 点的实地位置，B 点至渠首 A 的距离为300m，A 点的高程为86.00m（即渠首引水高程83.5m加渠深2.5m）。渠道比降为1/2000，可算出 B 点的渠顶高程为85.85m，此时可将水准仪安置在 BM_0 和 B 点之间，后视 BM_0（BM_0 的高程为86.102m）读数为0.482m，则 B 点的前视读数应为：

$$86.102+0.482-85.85=0.734(\text{m})$$

施测时，如果前视读数为1.544m，则表示立足点偏低，这时用目估把木桩打在比立

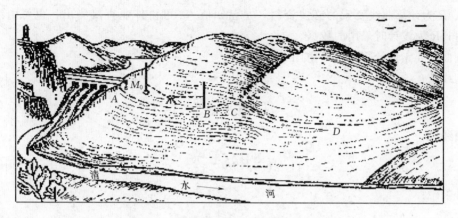

图 10.2　山丘地区渠道中心桩探测示意图

尺点高 $1.544-0.734=0.810$m 处，这就探定了 B 点位置。按同法可探定 C、D、E、… 各点的位置。

10.3　圆 曲 线 测 设

　　曲线测设一般分两步进行，先测设曲线主点，然后依据主点详细测设曲线细部点。曲线测设常用的方法有：偏角法、切线支距法和极坐标法。首先介绍圆曲线主点的测设方法。

10.3.1　圆曲线要素计算与主点测设

　　为了测设圆曲线的主点，要先计算出圆曲线的要素。

　　1. 圆曲线的主点

　　如图 10.3 所示，两条直线之间以圆曲线相连。

　　JD（交点）：两直线相交的点。

　　ZY（直圆点）：由直线进入曲线的分界点。

　　QZ（曲中点）：为圆曲线的中点。

　　YZ（圆直点）：由圆曲线进入直线的分界点。

　　ZY、QZ、YZ 三点称为圆曲线的主点。

　　2. 圆曲线要素及其计算

　　T（切线长）：交点至直圆点或圆直点的距离。

　　L（曲线长）：圆曲线的长度，从直圆点经曲中点至圆直点的弧线长度。

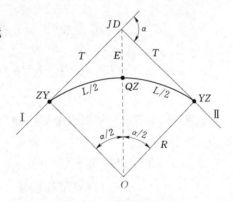

图 10.3　圆曲线示意图

　　E（外矢距）：交点至曲中点的距离。

　　α（转向角）：沿线路前进方向，下一条直线段向左转则为 $\alpha_{左}$；向右转则为 $\alpha_{右}$。

　　R（圆曲线的半径）：为了两条直线的平滑过渡，选择的圆曲线半径。

　　q（切曲差）：切线与曲线的差值。

α、R 为计算曲线要素的必要资料，是已知值。α 可由外业直接测出，也可由纸上定线求得；R 为设计时采用的数据。

圆曲线要素的计算公式，由图 10.3 得

切线长：

$$T = R \cdot \tan \frac{\alpha}{2} \tag{10.1}$$

曲线长：

$$L = R \cdot \alpha \cdot \frac{\pi}{180} \tag{10.2}$$

外矢距：

$$E = R \cdot \sec \frac{\alpha}{2} - R \tag{10.3}$$

切曲差：

$$q = 2T - L \tag{10.4}$$

式中计算 L 时，α 以度为单位。

3. 圆曲线主点里程计算

主点里程计算是根据计算出的曲线要素，由一已知点里程来推算，一般沿里程增加的方向由 $ZY \rightarrow QZ \rightarrow YZ$ 进行推算。

【例 10.1】　某渠道的交点桩号 $53+885.87$，转折角 $\alpha = 55°43'24''$，$R = 500\text{m}$，试计算该曲线的元素值及主点的桩号。

【解】

$$T = R \cdot \tan \frac{\alpha}{2} = 500 \times \tan \frac{55°43'24''}{2} = 264.31(\text{m})$$

$$L = R \cdot \alpha \cdot \frac{\pi}{180} = 500 \times 55°43'24'' \times \frac{\pi}{180} = 486.28(\text{m})$$

$$E = R \cdot \sec \frac{\alpha}{2} - R = 500 \times \sec \frac{55°43'24''}{2} - 500 = 65.56(\text{m})$$

$$q = 2T - L = 2 \times 264.31 - 486.28 = 42.34(\text{m})$$

如图 10.4 所示。根据以上算出的圆曲线元素标注于图上，再根据已知的交点桩号计算主点的桩号。

已知 JD 的里程为 $53+885.87$。

JD 点里程桩号	$53+885.87$
$-T$（切线长）	-264.31
ZY 点里程桩号	$53+621.56$
$+L/2$	$+243.14$
QZ 点里程桩号	$53+864.70$
$+L/2$	$+243.14$
YZ 点里程桩号	$54+107.84$

检核：

JD 的里程桩号	53+885.87
$+T$（切线长）	+264.31
$-q$（切曲差）	−42.34
YZ 点里程桩号	54+107.84

4. 主点的测设

如图 10.4 所示，在交点（JD）上安置经纬仪，瞄准直线 I 方向上的一个中线点，在视线方向上量取切线长 T 得 ZY 点，瞄准直线 II 方向上的一个中线点，量取切线长 T 得 YZ 点；将视线转至内角平分线上量取 E，用盘左、盘右分中得 QZ 点。在 ZY、QZ、YZ 点打上木桩，木桩上钉小钉表示点位。为保证主点的测设精度，以利于曲线详细测设，切线长度应往返丈量，其相对较差不大于 1/2000 时，取其平均位置。

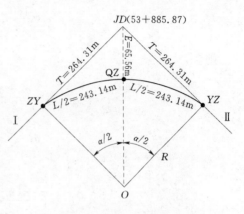

图 10.4　圆曲线计算示意图

10.3.2　偏角法测设圆曲线

仅将曲线主点测设于地面上，还不能满足施工的需要，为此应在两主点之间加测一些曲线点，这种工作称圆曲线的详细测设。圆曲线上中桩间距宜为 20m；若地形平坦且曲线半径大于 800m 时，圆曲线内的中桩间距可为 40m；所以圆曲线的中桩里程宜为 20m 的整倍数。在地形变化处或按设计需要应另设加桩，则加桩宜设在整米处。

10.3.2.1　偏角法测设曲线的原理

1. 测设原理

偏角法实质上是一种方向距离交会法。偏角即为弦切角。如图 10.5 所示，由 ZY 点拨偏角 δ_1 方向与量出的弦长 l_1 交于 1 点，拨偏角 δ_2 与由 1 点量出的弦长 l 交于 2 点，同样方法可测设出曲线上的其他点。

2. 弦长计算

曲线半径一般很大，20m 的圆弧长与相应的弦长相差很小，如 $R=450$m 时，弦弧差为 2mm，两者的差值在距离丈量的容许误差范围内，因而通常情况下，可将 20m 的弧长当作弦长看待；只有当 $R<400$m 时，测设中才考虑弦弧差的影响。

3. 偏角计算

由几何学得知，曲线偏角等于其弧长所对圆心角的一半。

如图 10.5 所示，L_1、L 为弧长，l_1、l 为弦长。由于弧长与弦长的差值在曲线半径很大的情况下，20m 的圆弧长与相应的弦长相差很小，所以，这里

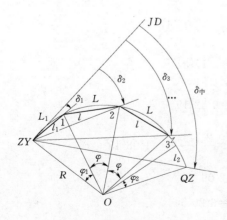

图 10.5　偏角法测设原理

可以认为

$$L_1 \approx l_1 \quad L \approx l$$

$$\varphi_1 = \frac{180°}{\pi} \cdot \frac{L_1}{R} = \frac{180°}{\pi} \cdot \frac{l_1}{R}$$

$$\varphi = \frac{180°}{\pi} \cdot \frac{L}{R} = \frac{180°}{\pi} \cdot \frac{l}{R}$$

则

$$\delta_1 = \frac{\varphi_1}{2}$$

$$\delta_2 = \frac{\varphi_1 + \varphi}{2} = \delta_1 + \delta \quad \delta = \frac{\varphi}{2}$$

$$\delta_3 = \frac{\varphi_1 + 2\varphi}{2} = \delta_1 + 2\delta$$

$$\vdots$$

$$\delta_n = \frac{\varphi_1 + (n-1)\varphi}{2} = \delta_1 + (n-1)\delta$$

如果到达 QZ 点时有一个不是整弦长的末段弦长 l_2，则

$$\delta_{中} = \frac{\varphi_1 + (n-1)\varphi + \varphi_2}{2} = \delta_1 + (n-1)\delta + \delta_2$$

由于 QZ 点在主点的测设时已经测定，这里可采用上式进行检核。

10.3.2.2 圆曲线偏角法测设举例

圆曲线详细测设前，曲线主点 ZY、QZ、YZ 三点已经测设完成，因此通常以 ZY 点为测站，测设 $ZY—QZ$，以 YZ 点为测站测设 $YZ—QZ$ 曲线段，并闭合于 QZ 作检核。

以例 10.1 资料为依据说明测设的步骤与方法。

1. 以 ZY 为测站

（1）偏角计算。已知 ZY 里程为 DK53＋621.56，QZ 为 DK53＋864.70，R＝500m，曲线 $ZY \rightarrow QZ$ 为顺时针转，如图 10.5 所示。偏角资料计算见表 10.1。由于偏角值与度盘读数增加方向一致，故称"正拨"。

$$\varphi_1 = \frac{180°}{\pi} \cdot \frac{L_1}{R} = \frac{180°}{\pi} \times \frac{18.44}{500} = 2°06'47''$$

$$\varphi = \frac{180°}{\pi} \cdot \frac{L}{R} = \frac{180°}{\pi} \times \frac{20}{500} = 2°17'31''$$

$$\varphi_2 = \frac{180°}{\pi} \cdot \frac{L}{R} = \frac{180°}{\pi} \times \frac{4.7}{500} = 0°32'19''$$

$$\delta_1 = \frac{\varphi_1}{2} = \frac{2°06'47''}{2} = 1°03'24'' \quad \delta = \frac{\varphi}{2} = \frac{2°17'31''}{2} = 1°08'45''$$

$$\delta_2 = \delta_1 + \delta = 1°03'24'' + 1°08'45'' = 2°12'09''$$

$$\delta_3 = \delta_1 + 2\delta = 1°03'24'' + 2 \times 1°08'45'' = 3°20'54''$$

$$\vdots$$

以此类推，计算出各细部点的偏角，结果见表 10.1。

表 10.1　　　　　　　　　曲 线 偏 角 资 料 (1)

点　名	曲线里程桩号	相邻桩点间弧长 /m	单角 /(° ′ ″)	偏角 /(° ′ ″)
ZY	53+621.56			
		18.44	1　03　24	1　03　24
1	53+640.00			
		20.00	1　08　45	2　12　09
2	53+660.00			
		20.00	1　08　45	3　20　54
3	53+680.00			
		20.00	1　08　45	4　29　39
4	53+700.00			
		20.00	1　08　45	5　38　24
5	53+720.00			
		20.00	1　08　45	6　47　09
6	53+740.00			
		20.00	1　08　45	7　55　54
7	53+760.00			
		20.00	1　08　45	9　04　39
8	53+780.00			
		20.00	1　08　45	10　13　24
9	53+800.00			
		20.00	1　08　45	11　22　09
10	53+820.00			
		20.00	1　08　45	12　30　54
11	53+840.00			
		20.00	1　08　45	13　39　39
12	53+860.00			
		4.70	0　16　09	13　55　48
QZ	53+864.70			

（2）测设方法。

1）置经纬仪于 ZY 点，盘左以 $0°00'00''$ 后视 JD。

2）顺时针转动照准部，当水平度盘读数为 $1°03'24''$ 时制动；然后由 ZY 点开始沿视线方向丈量 18.44m，得 1 点，打下木桩标定。

3）松开照准部，继续转动，当度盘读数为 $2°12'09''$ 时制动照准部，由 1 点丈量 20m，视线与钢尺 20m 分划相交处即为 2 点。

4）同法，依次测出 3，4，…直至 QZ'。

测得 QZ' 点后，与主点 QZ 位置进行闭合校核。当闭合差符合限差要求时，曲线点位一般不再作调整；若闭合差超限，则应查找原因并重测。

偏角法的优点是有闭合条件做校核，缺点是测设误差累积。

2. 以 YZ 为测站

曲线 $YZ→QZ$ 为逆时针，偏角资料计算应采用"反拨"值，见表 10.2。由于偏角值与度盘读数减少方向一致，故称"反拨"。其测设方法同上，在此不再详述。

10.3.3　切线支距法测设圆曲线

10.3.3.1　切线支距法测设原理

切线支距法，实质为直角坐标法。它是以 ZY 或 YZ 为坐标原点，以 ZY（或 YZ）的切线为 x 轴，切线的垂线为 y 轴，x 轴指向 JD，y 轴指向圆心 O。

表 10.2 曲 线 偏 角 资 料 (2)

点　　名	曲线里程桩号	相邻桩点间弧长/m	单角/(°　′　″)	累计值/(°　′　″)	偏角/(°　′　″)
YZ	54＋107.84				
		7.84	0　26　57	0　26　57	359　33　03
1	54＋100.00				
		20.00	1　08　45	1　35　42	358　24　18
2	54＋080.00				
		20.00	1　08　45	2　44　27	357　15　33
3	54＋060.00				
		20.00	1　08　45	3　53　12	356　06　48
4	54＋040.00				
		20.00	1　08　45	5　01　57	354　58　03
5	54＋020.00				
		20.00	1　08　45	6　10　42	353　49　18
6	54＋000.00				
		20.00	1　08　45	7　19　27	352　40　33
7	53＋980.00				
		20.00	1　08　45	8　28　12	351　31　48
8	53＋960.00				
		20.00	1　08　45	9　36　57	350　23　03
9	53＋940.00				
		20.00	1　08　45	10　45　42	349　14　18
10	53＋920.00				
		20.00	1　08　45	11　54　27	348　05　33
11	53＋900.00				
		20.00	1　08　45	13　03　12	346　56　48
12	53＋880.00				
		15.30	0　52　36	13　55　48	346　04　12
QZ	53＋864.70				

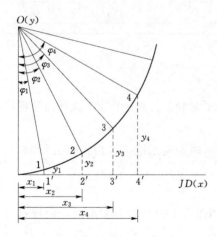

图 10.6 切线支距法

如图 10.6 所示，1、2、3、4、…为曲线上欲测设的点位，该点至 ZY 点或 YZ 点的弧长为 L_i，L_i 一般定为 10m、20m、…，φ_i 为 L_i 所对的圆心角，则 n_i 点的坐标按式 (10.5) 计算。

$$\left.\begin{array}{l} x_i = R \cdot \sin\varphi_i \\ y_i = R(1 - \cos\varphi_i) \\ \varphi_i = \dfrac{180°}{\pi} \cdot \dfrac{L_i}{R} \end{array}\right\} \quad (10.5)$$

10.3.3.2　切线支距法测设实例

根据例 10.1 所需测设的圆曲线，采用切线支距法测设放样。

1. 计算放样数据

拟定从 ZY 点开始，选择整桩 53＋640.00 作为测设 1 点，53＋660.00 作为测设 2 点，依此类推。

下面举例说明测设坐标计算方法。以 1、2 点为例

$$\varphi_1 = \frac{180°}{\pi} \cdot \frac{L_1}{R} = \frac{180°}{\pi} \times \frac{18.44}{500} = 2°06'47''$$

$$x_1 = R \cdot \sin\varphi_1 = 500 \times \sin 2°06'47'' = 18.44 (\text{m})$$

$$y_1 = R(1 - \cos\varphi_1) = 500 \times (1 - \cos 2°06'47'') = 0.34 (\text{m})$$

$$\varphi_2 = \frac{180°}{\pi} \cdot \frac{L_2}{R} = \frac{180°}{\pi} \times \frac{18.44 + 20}{500} = 4°24'18''$$

$$x_2 = R \cdot \sin\varphi_2 = 500 \times \sin4°24'18'' = 38.40(\text{m})$$
$$y_2 = R(1 - \cos\varphi_2) = 500 \times (1 - \cos4°24'18'') = 1.48(\text{m})$$
$$\vdots$$

依此计算其他点位测设坐标，见表 10.3。

表 10.3   **切线支距法放样数据计算表**

点名	曲线里程桩号	细部点距 ZY 点弧长/m	圆心角 φ_i /(° ′ ″)	切线支距法坐标 x/m	切线支距法坐标 y/m
ZY	53+621.56				
1	53+640.00	18.44	2 06 47	18.44	0.34
2	53+660.00	38.44	4 24 18	38.40	1.48
3	53+680.00	58.44	6 41 48	58.31	3.41
4	53+700.00	78.44	8 59 19	78.12	6.14
5	53+720.00	98.44	11 16 49	97.81	9.66
6	53+740.00	118.44	13 34 20	117.34	13.96
7	53+760.00	138.44	15 51 51	136.68	19.04
8	53+780.00	158.44	18 09 21	155.80	24.89
9	53+800.00	178.44	20 26 52	174.68	31.50
10	53+820.00	198.44	22 44 22	193.27	38.86
11	53+840.00	218.44	25 01 53	211.56	46.96
12	53+860.00	238.44	27 19 24	229.50	55.78
QZ	53+864.70	243.14	27 51 42	233.67	57.96

2. 切线支距法测设步骤

(1) 测设前校对已经定桩完成的三个主点位置，若有差错，重新测设。

(2) 从 ZY 点（或 YZ 点）沿切线方向量取横坐标 18.44m，得垂足点 1′。

(3) 在垂足点 1′ 上，定出垂直方向，沿此方向丈量 0.34m，即得到待测点 1 点。

(4) 丈量弦长作为校核，若无误可定桩确定 1 点。

(5) 依此方法放样其他各点。

切线支距法放样简单，各曲线点相互独立，无测量误差累积。但由于安置仪器次数多，速度较慢，同时检核条件较少，故一般适用于半径较大、y 值较小的平坦地区曲线测设。

10.4 纵横断面测量及纵横断面图绘制

10.4.1 纵断面测量及纵断面图的绘制

渠道中线测设后，应沿渠道中线进行纵断面测量，以便绘制纵断面图，进行渠道纵向坡度、闸、桥、涵和隧洞纵向位置的设计。

纵断面测量的主要任务是测量渠道中线各里程桩和加桩的地面高程。同时根据施工放样的要求，还应联测沿线临时水准点以及居民地、建筑物、水系和主要地物关键性部位的高程。然后绘制纵断面图，供渠道纵坡设计、计算中桩填挖尺寸使用。

纵断面测量可以采用水准仪法、经纬仪法、全站仪法、RTK 数据采集等，无论哪种方法，都是为了测量中桩的高程，下面以水准仪法来说明纵断面测量的原理及纵断面图的绘制。

10.4.1.1 纵断面测量

采用水准测量的方法施测纵断面时，应利用渠道沿线布设的水准点，将渠线分成许多段，每段分别与邻近两端的水准点组成附合水准路线，然后从首段开始，逐段进行施测。附合路线的长度应不超过 2km，高程闭合差应不大于 $\pm 40\sqrt{L}$（mm）（L 为附合路线长度，以千米为单位）。闭合差不用调整，但超限必须返工。

如图 10.7 所示，从水准点 BM_1 开始，进行第一测站观测，BM_1 的已知高程157.640m，后视读数为 1.625m，前视读数 0.896m，记录于表 10.4 相应栏中，然后计算第一测站的视线高。

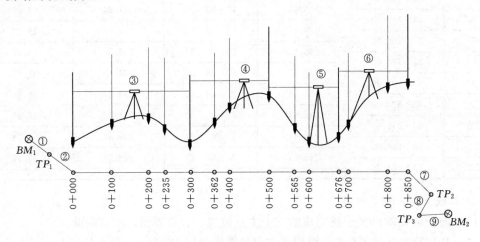

图 10.7　纵断面水准测量示意图

表 10.4　　　　　　　　　　　纵断面水准测量记录表

测站	点号	后视读数 /m	视线高程 /m	间视读数 /m	前视读数 /m	高程/m	已知高程 /m
1	BM_1	1.625	159.265			157.640	157.640
2	TP_1	1.730	160.099		0.896	158.369	
3	0+000	2.444	160.534		2.009	158.090	
	0+100			1.65		158.88	
	0+200			1.30		159.23	
	0+235			1.96		158.57	
4	0+300	2.108	161.020		1.622	158.912	
	0+362			2.85		158.17	
	0+400			2.06		158.96	

测站	点号	后视读数 /m	视线高程 /m	间视读数 /m	前视读数 /m	高程/m	已知高程 /m
5	0+500	0.683	160.778		0.925	160.095	
	0+565			0.25		160.53	
	0+600			2.47		158.31	
6	0+676	1.916	160.419		2.275	158.503	
	0+700			2.38		158.04	
	0+800			1.96		158.46	
7	0+850	1.434	160.955		0.898	159.521	
8	TP_2	1.203	159.535		2.623	158.332	
9	TP_3	1.325	159.000		1.860	157.675	
	BM_2				1.662	157.338	157.308
校核		$\sum_{后}=14.468\text{m}$ $\qquad$ $\sum_{前}=14.770\text{m}$ $\qquad$ $\sum_{后}-\sum_{前}=-0.302\text{m}$ $h_测=H_{BM2测}-H_{BM1}=157.338-157.640=-0.302(\text{m})$						
闭合差计算		$f_h=h_测-(H_终-H_始)=-0.302-(157.308-157.640)=+0.030(\text{m})$ $f_{h容}=\pm40\sqrt{L}=\pm40\sqrt{1.3}=\pm0.046(\text{m})(\text{本例}L=1.3\text{km})$						

第一测站视线高：$H_i=H_A+a=157.640+1.625=159.265(\text{m})$

TP_1 的高程：$H_{TP_1}=H_i-b=159.265-0.896=158.369(\text{m})$

采用以上观测及计算步骤可得 TP_1 的高程，按同样方式进行第二测站观测及计算可得 0+000 桩的高程，然后选择适当位置，安置水准仪，进行第三测站的观测，由于相邻各桩之间距离不远，一站上可以测定若干个桩点的高程。后视 0+000 桩上的水准尺，前视 0+300 桩上的水准尺，然后分别在 0+100、0+200 和 0+235 桩上立尺并读数，这些中间不用作传递高程的桩点称作间视点，其读数称为间视读数或中视读数。采用视线高法计算各点高程，转点读数和高程计算取至 mm，间视点读数和高程计算取至 cm。

在每一个测站上，标尺至水准仪的距离不应超过 150m，仪器至前后两转点的距离差不应超过 20m。

10.4.1.2 纵断面图的绘制

纵断面测量完成之后，整理外业观测成果，无误后即可绘制纵断面图。

纵断面图是反映渠线所经地面起伏状况的图，依据里程桩和加桩的高程绘制在印有毫米方格的坐标纸上，也可采用电脑辅助绘图。

如图 10.8 所示，图上纵向表示高程，横向表示里程。因为沿线地面高差的变化要比渠道长度小得多，为了明显反映地面起伏情况，通常高程比例尺要比平距比例尺大 10～20 倍。

在桩号栏按平距比例尺标出里程桩和加桩的位置，并注明桩号；在其他有关栏对应桩号的位置上注明地面高程、渠底设计高程、挖深和填高数值。

根据各里程桩和加桩的地面高程标出断面点的位置，用直线将各点依次连接起来，即

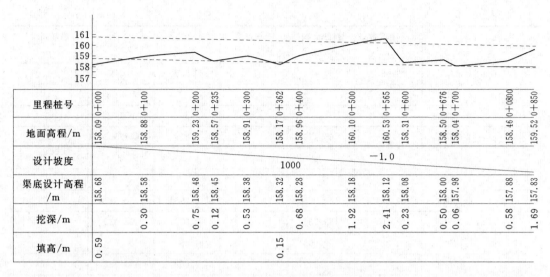

里程桩号	0+000	0+100	0+200	0+235	0+300	0+362	0+400	0+500	0+565	0+600	0+676	0+700	0+800	0+850
地面高程/m	158.09	158.88	159.23	158.57	158.91	158.17	158.96	160.10	160.53	158.31	158.50	158.04	158.46	159.52
设计坡度					1000				−1.0					
渠底设计高程/m	158.68	158.58	158.48	158.45	158.38	158.32	158.28	158.18	158.12	158.08	158.00	157.98	157.88	157.83
挖深/m		0.30	0.75	0.12	0.53		0.68	1.92	2.41	0.23	0.50	0.06	0.58	1.69
填高/m	0.59					0.15								

图 10.8 渠道纵断面图

绘成纵断面图。为便于直观反映地面线与渠底线的关系，应根据渠首的设计高程和渠底比降绘出渠底设计线。

该渠道的设计进水底板高程为 158.68m，设计渠深 2m，渠底设计坡度 1∶1000。

10.4.2 横断面测量及横断面图绘制

10.4.2.1 横断面测量

横断面测量的任务是测定线路各中桩处与中线相垂直方向的地面高低起伏情况，通过测定中线两侧地面变坡点至中线的距离和高差，即可绘制横断面图，为路基横断面设计，土石方量的计算和施工时边桩的放样提供依据。横断面应逐桩施测，其施测宽度及断面点间的密度应根据地形、地质和设计需要而定。常用方法有以下几种。

1. 水准仪量测法

当中心线两侧地势较平坦，或对测量精度要求较高时，可采用水准仪量测法。横断面方向可用木制的十字架标定；测量记录可采用间视法水准测量格式，地形点按左、右侧分别编号，用视线高原理计算测点高程。

2. 花杆置平法

当横断面方向坡度较大或断面宽度较小时，可采用花杆置平法施测横断面。如图10.9所示，测量时，先用目估法或用十字架标定与渠线垂直的断面方向，然后从里程桩或

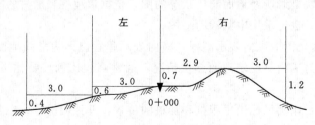

图 10.9 花杆置平法测量横断面

加桩起，用两根花杆在此方向测量相邻两地面点间的平距和高差。使靠地面较高点的花杆着地，当这根花杆抬平时，另一端在垂直花杆上所截取的读数就是两点间的高差。其平距则根据平置花杆的分划读出。记录格式见表10.5，分子表示相邻两点间的高差，分母表示相应的平距。高差的正负以断面延伸方向为准，延伸点较高则高差为正，延伸点较低则高差为负。左、右断面的区分以渠线的前进方向（即水流方向）为准，测量结果应分侧记录。

表 10.5　　　　　　　　　　花杆置平法横断面测量记录表

左　侧　横　断　面			中桩及高程	右　侧　横　断　面		
平	−0.4	−0.6	0+000	+0.7	−1.2	同坡
	3.0	3.0	158.09	2.9	3.0	
−0.2	−0.3	−0.5	0+100	0.5	−0.7	−0.3
2.3	3.0	3.0	158.88	3.0	3.0	2.5
…	…	…	…	…	…	…

3. 其他方法

横断面测量除了水准仪量测法、花杆置平法外，还有经纬仪视距法，全站仪及RTK测量方法。特别是随着全站仪及RTK的普及，采用全站仪及RTK测量断面显得尤为方便，提高了工作效率。

10.4.2.2　横断面图绘制及标准断面套绘

绘制横断面的目的是为了套绘标准断面图，计算填、挖断面面积，进而计算土方量。绘制方法可以采用毫米格纸手绘，也可采用CAD进行绘制，CAD绘制可以方便的得到断面面积。

如图10.10所示，该图根据横断面测量记录表10.5进行绘制，并且套绘渠道标准断面。

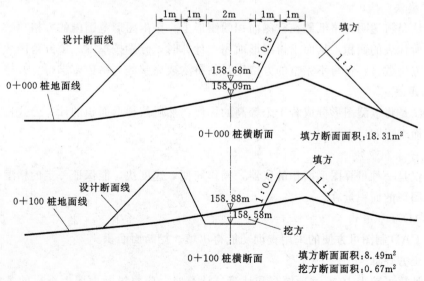

图 10.10　横断面图及标准断面套绘

横断面图的绘制与纵断面图的绘制方法类似，横断面的纵、横坐标轴一般采用相同比例尺。

绘制横断面图时，应使各中心桩在同一幅的纵列上，自上而下，由左至右布局。

10.5 土 方 计 算

编制渠道工程预算及组织施工，均需计算渠道开挖和填筑的土方量。土方量的计算方法通常采用"平均断面法"，如图 10.11 所示，先算出相邻两中心桩应挖或应填的横断面面积，取其平均值，再乘以两断面间的距离，既得两中心桩之间的土方量，即

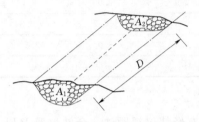

$$V = \frac{1}{2}(A_1 + A_2)D \tag{10.6}$$

式中　V——两中心桩间的土方量，m^3；

A_1、A_2——两中心桩应挖（或填）的横断面面积，m^2；

D——两中心桩间的距离，m。

图 10.11　平均断面法示意图

10.5.1　确定断面的挖、填范围

如图 10.11 所示，面积 A_1、A_2 则须通过在横断面图上套绘渠道设计断面来确定。应根据里程桩和加桩的挖深或填高，在横断面图上标出设计中桩的位置，再根据渠底宽度、边坡坡度、渠深和堤宽等尺寸画出设计断面，设计断面边线与自然地面线所包围的面积即为挖方或填方面积。

10.5.2　计算断面的挖、填面积

计算挖、填面积的方法很多，可采用方格法、梯形法和电子求积仪法及使用 CAD 面积查询功能。

1. 方格法

方格法是将透明方格纸蒙在欲测面积的图形上，数出图形范围内的方格总数，然后乘以每方格所代表的面积，从而求得图形面积。计算时，分别按挖方、填方范围数出该范围内完整的方格数目，再将不完整的方格用目估拼凑成完整的方格数，求得总方格数。

2. 梯形法

梯形法是将欲测图形分成若干个等高的梯形，然后按梯形面积的计算公式进行量测和计算，从而求得图形面积。

3. 电子求积仪法

求积仪是一种量算图形面积的仪器，操作简便，速度快，能保证一定的精度，适用于各种不同图形的面积量算。

4. CAD 面积查询

采用 CAD 制图可方便的采用查询功能得出填、挖断面面积。

10.5.3　土方计算

土方计算可按表 10.6 逐项填写和计算。计算时，应将纵断面图上查得的各中心桩挖（填）深度以及各桩横断面图上量得的挖、填断面面积填入表中，然后按式（10.6）计算

两相邻断面之间的土方量。

表 10.6 渠 道 土 方 计 算 表

桩号	地面高程/m	渠底设计高程/m	中心桩/m		断面面积/m²		两桩间距/m	土方/m³		备注
			挖深	填高	挖	填		挖方	填方	
0+000	158.09	158.68		0.590	0.00	18.31				
0+100	158.88	158.58	0.30		0.67	8.49	100	33.50	1340.00	
0+200	159.23	158.48	0.75		5.19	7.97	100	292.95	822.95	
0+235	158.57	158.45	0.13		4.19	9.86	35	164.20	311.94	
0+300	158.91	158.38	0.53		3.93	10.78	65	263.87	670.54	
0+362	158.17	158.32		0.15	4.01	13.48	62	246.11	751.78	
0+400	158.96	158.28	0.68		4.08	5.57	38	153.69	361.76	坡降
0+500	160.10	158.18	1.91		5.86	6.99	100	496.80	627.55	1/1000
0+565	160.53	158.12	2.41		5.98	10.05	65	384.96	553.54	
0+600	158.31	158.08	0.23		6.15	8.01	35	212.42	315.89	
0+676	158.50	158.00	0.50		7.87	7.00	76	532.72	570.23	
0+700	158.04	157.98	0.06		7.60	7.44	24	185.53	173.32	
0+800	158.46	157.88	0.58		8.24	9.13	100	791.75	828.45	
0+850	159.52	157.83	1.69		10.12	2.49	50	459.05	290.33	
Σ			9.78	0.74	73.89	125.53	850	4217.55	7618.27	

如果相邻两断面的中心桩，一个为挖。一个为填，则应找出一个不挖不填的位置，这个位置称为"零点"，如表 10.6 中，0+000 桩和 0+100 桩之间有零点，0+300 桩和 0+362 桩之间有零点，0+362 桩和 0+400 桩之间也有零点，零点的具体计算方法如图 10.12 所示。

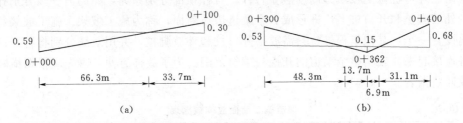

图 10.12 中心桩零点计算示意图

如图 10.12 (a) 所示，0+000 桩和 0+100 桩之间有零点，0+000 桩需填高 0.59m，0+100 桩需挖深 0.30m，中间有一个不挖不填的零点，这个零点位置按如下计算，如用 CAD 制图，可直接在纵断面图上查取。

$$\frac{100}{0.59+0.30} \times 0.59 = 66.3(\text{m})$$

所以，该零点桩桩号为 0+066.3。

如图 10.12 (b) 所示，同理可求出 0+300 桩和 0+362 桩之间的零点桩桩号为 0+

348.3、0＋362 桩和 0＋400 桩之间的零点桩桩号为 0＋368.9。

零点桩确定之后，需补测零点桩断面，以便将两桩之间的土石方分成两部分计算，使结果更准确可靠。

10.6 施 工 断 面 放 样

渠道施工前，应将设计横断面与地形横断面的交点，测设到地面上，用木桩标定，并设置施工坡架，作为施工的依据，这项工作称为施工断面放样或边桩放样。

渠道横断面有纯挖、纯填和半挖半填三种可能。

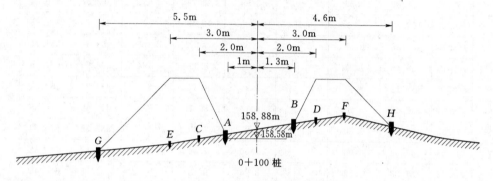

图 10.13 边坡桩放样示意图

A、B—开口桩；C、D—堤内肩；

E、F—堤外肩；G、H—外坡脚桩

如图 10.13 表示一个半挖半填断面，需要标定的边坡桩有渠道左右两边的开口桩、堤内肩桩、堤外肩桩和外坡脚桩 8 个桩位。从套绘有设计断面的横断面图上，可以分别量出这些桩位至中心桩的距离，作为放样数据，根据中心桩即可在现场将这些桩标定出来。然后，在内、外肩桩位上按填方高度竖立竹杆，竹杆顶部分别系绳，绳的另一端分别扎紧在相应的外坡脚桩和开口桩上，即形成一个渠道边坡断面，称为施工坡架。施工坡架每隔一定距离设置一个，其他里程桩位只需放出开口桩和外坡脚桩，并用灰线分别将各开口桩和坡脚桩连接起来，表明整个渠道的开挖与填筑范围。为了放样方便，事先应根据横断面图编制放样数据表。

表 10.7　　　　　　　　　　渠道施工断面放样数据表

里程桩号	地面高程/m	设计高程/m	中心桩至边坡桩的距离/m							
			开口桩		内堤肩桩		外堤肩桩		外坡脚桩	
			左	右	左	右	左	右	左	右
0＋000	158.09	158.68	1.0	1.0	2.0	2.0	3.0	3.0	6.6	6.2
0＋100	158.88	158.58	1.0	1.3	2.0	2.0	3.0	3.0	5.5	4.6

第11章 水工建筑物的施工放样

【学习内容及教学目标】

通过本章学习，掌握重力坝、拱坝、水闸、隧洞施工放样的内容与基本方法；能够进行重力坝、拱坝放样数据的计算。

【能力培养要求】

(1) 具有水工建筑物施工放样的初步能力。

(2) 具有灵活运用角度交会法、极坐标法等各种施工测量方法的能力。

11.1 重力坝的放样

11.1.1 重力坝放样的主要内容

如图11.1是混凝土重力坝示意图。它的施工放样工作主要包括坝轴线的测设、坝体控制测量、清基开挖线的放样和坝体立模放样等内容，兹分述如下。

11.1.2 坝轴线的测设

坝轴线即坝顶中心线。混凝土重力坝的轴线是坝体与其他附属建筑物放样的依据，它的位置正确与否直接影响建筑物各部分的位置。一般先由设计图纸量得轴线两端点的坐标值，使用全站仪极坐标法测设其地面位置。通常情况下，小型混凝土重力坝的坝轴线由工程设计和有关人员，根据当地的地形、地质和建筑材料等条件，经过多方比较，直接在现场选定。而大中型混凝土重力坝则需经过严格的现场勘测与规划、多方调查研究和方案比较才能进行

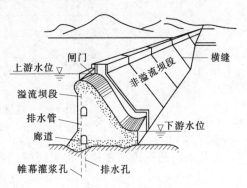

图 11.1　混凝土重力坝示意图

坝轴线的测设。坝轴线的两端点在现场标定后，应用永久性标志标明。为了防止施工时端点被破坏，应将坝轴线的端点延长到两面山坡上设立轴线控制桩，以便检查。

11.1.3 坝体控制测量

由于混凝土坝结构和施工材料相对复杂，故施工放样精度要求相对较高。一般浇筑混凝土坝时，整个坝体沿轴线方向划分成许多坝段，而每一坝段在横向上又分成若干个坝块，实施分层浇筑，每浇筑一层一块就需要放样一次，因此要建立坝体施工控制网，作为坝体放样的定线网。坝体施工控制网包括矩形网和三角网两种，且每一种控制网型具有不同的测设工序与方式，精度要求点位误差上下浮动不超过10mm。

1. 矩形网

由若干条平行和垂直于坝轴线的控制线组成，格网尺寸按施工分段分块的大小而定。如图 11.2，施测时，将全站仪安置在坝轴线两端，在坝轴线上选两点，用测设 90°的方法作通过这两点垂直于坝轴线的横向基准线，由这两点开始，沿垂线向上、下游丈量出各点，并按轴距（至坝轴线的平距）进行编号，将两条垂线上编号相同的点连线并延伸到开挖区外，在两侧山坡上设置放样控制点。然后在坝轴线方向上，利用高程放样的方法，找出坝顶与地面相交的两点，再沿坝轴线按分块的长度钉出坝基点，通过这些点各测设与坝轴线相垂直的方向线，并将方向线延长到上、下游围堰上或两侧山坡上，设置放样控制点。由上述两种线构成矩形网。

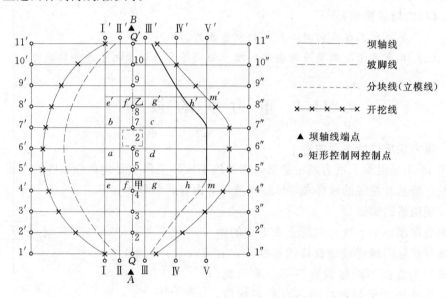

图 11.2　混凝土重力坝的坝体控制

2. 三角网

由基本网的一边加密建立的定线网，各控制点的坐标可以测算求得。一般采用施工坐标系放样比较方便，因此应根据设计图纸求算得施工坐标系原点的测量坐标和坐标轴的坐标方位角，将控制点的测量坐标换算为施工坐标。如图 11.3 所示，换算方法如下。

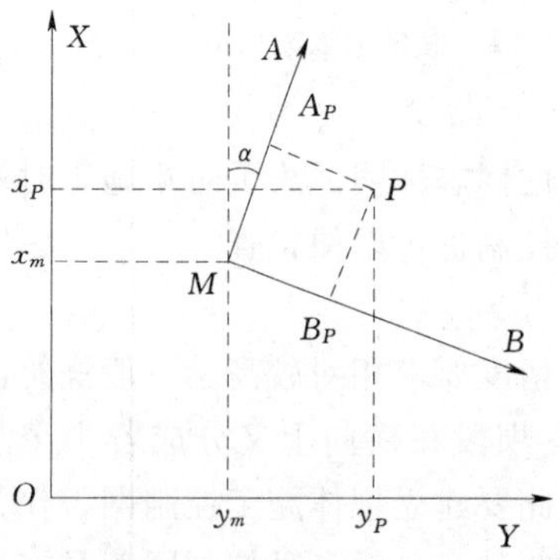

$$A_P = (x_P - x_m)\cos\alpha + (y_P - y_m)\sin\alpha \qquad (11.1)$$

$$B_P = (x_P - x_m)\sin\alpha + (y_P - y_m)\cos\alpha \qquad (11.2)$$

式中　(x_P, y_P)——P 点在测量坐标系中的坐标；

(A_P, B_P)——P 点在施工坐标系中的坐标；

α——施工坐标系相对测图坐标系的方位角。

图 11.3　施工坐标系与测量坐标系的关系

11.1.4　清基开挖线的放样

清基，即清除坝基自然表面的松散土壤、树根等杂物。清基放样工作的主要目的是保证坝体与岩基衔接牢固，为此，应在坝体与原地面接触处放出清基开挖线，以确定施工范围。由于清基开挖线的放样精度要求并不高，所以可以采用图解法计算得到施工放样的数据。如图 11.4 所示，首先，测定坝轴线上各里程桩的高程，绘出纵断面图，求出各里程桩的中心填土高度；其次，在每一里程桩处进行横断面测量，并绘制出横断面图；最后，根据里程桩的高程、中心填土高度与坝面坡度，在横断面图基础上绘制大坝的设计断面。

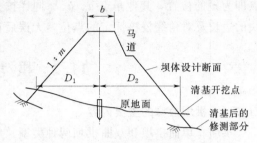

图 11.4 图解法求清基放样数据

由于清基具有一定深度，开挖时需要一定的边坡，所以实际清基开挖线应向外适当放宽 1～2m，撒上白灰标明。另外，清基过程中位于坝轴线上的里程桩将被毁掉。为了接下来施工放样工作的需要，应在清基开挖线外设置各里程桩的横断面桩，避免其被毁掉。当前，随着科学技术水平提高大大增强了测量手段技术性，故清基放样工作主要采用全站仪坐标法等方式进行，精确性得到了显著提高。

11.1.5 坝体立模放样

在坝体分块立模时，应将分块线投影到基础面上或已浇好的坝块面上，模板架立在分块线上，因此分块线也叫立模线，但立模后立模线被覆盖，还要在立模线内侧弹出平行线，称为放样线，用来立模放样和检查校正模板位置。放样线与立模线之间的距离一般为 0.2～0.5m。

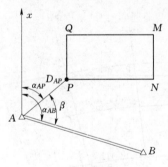

图 11.5 极坐标法

1. 全站仪极坐标法

如图 11.5 所示，由设计图纸上查得四个角点 M、Q、P、N 坐标和控制点 A、B 的坐标，先根据 A、B 两点，用极坐标法测设出 P 点。测设时，全站仪安置在控制点 A 上，输入测站 A 点坐标和后视 B 坐标，再输入 P 点坐标，仪器即自动计算出测设角度和距离，根据计算的测设数据测设 P 点位置。

放样数据计算方法，由坐标反算公式得：

$$\alpha_{AB} = \arctan \frac{y_B - y_A}{x_B - x_A} \tag{11.3}$$

$$\alpha_{AP} = \arctan \frac{y_P - y_A}{x_P - x_A} \tag{11.4}$$

$$D_{AP} = \sqrt{(x_P - x_A)^2 + (y_P - y_A)^2} \tag{11.5}$$

使用全站仪依次放出 M、Q、N 各角点。应用分块边长和对角线校核点位，无误后在立模线内侧标定放样线的四个角点。

2. 方向线交会法

对于直线型水坝，用方向线交会法放样较为简便。如图 11.2 所示，已按分块要求布设了矩形坝体控制网，可用方向线交会法，先测设立模线。如要测设分块 2 的角点 d 的位置，可在 6′和Ⅲ点分别安置全站仪，分别照准 6″点和Ⅲ′点，固定照准部，两方向线的交点即为 d 的位置，其他角点 a、b、c 同样按上述方法确定，得出分块 2 的立模线。利用分块的边长及对角线校核标定的点位，无误后在立模线内侧标定放样线的四个角点。

11.2 拱坝的放样

11.2.1 拱坝放样的主要内容

拱坝有单曲拱坝和双曲拱坝两种类型。单曲拱坝和双曲拱坝一般都是混凝土坝，放样时需要计算出每一块坝体角点的施工坐标，而后计算交会所需放样数据，实地放样平面位置和高程。单曲拱坝的放样比较简单，和双曲拱坝中放样一个拱圈的方法相同。

11.2.2 单曲拱坝的放样

单曲拱坝的放样常采用极坐标法。当测图控制点的精度和密度能满足放样要求时，可以直接依据这些控制点按测图坐标进行放样。若精度和密度都不够时，可按测图坐标重新布设，并在使用比较频繁的控制点上设置固定仪器的座架（仪器墩）。

图 11.6 所示为某水利枢纽工程的拦河大坝，系一拱坝，坝迎水面的半径为 243m，以 115°夹角组成一圆弧，弧长为 487.732m，分为 27 跨，按弧长编成桩号，从 0+13.268 至 5+01.000（加号前为百米）。施工坐标 XOY，以圆心 O 与 12、13 分跨线（桩号 2+40.000）为 X 轴，圆心 O 的施工坐标为（500.000m，500.000m）。

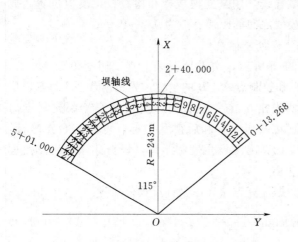

图 11.6 拱坝分跨示意图

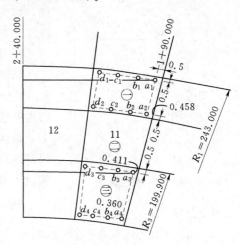

图 11.7 拱坝立模放样数据计算

1. 放样点施工坐标计算

如图 11.7 所示，以放样点 a_3 为例，利用坐标正算的方法来计算 a_3 的坐标，首先需要算出坝轴线上的弧长和所对应的圆心角 φ_a 如下。

$$L = 240 - 190 - 0.5 = 49.5(\text{m})$$

$$\varphi_a = \frac{180°}{\pi} \cdot \frac{L}{R_1} = \frac{180°}{\pi} \times \frac{49.5}{243} = 11°40'17''$$

$$\Delta x = (R_3 - 0.5) \cdot \cos\varphi_a = (199.900 - 0.5) \times \cos 11°40'17'' = 195.277(\text{m})$$

$$\Delta y=(R_3-0.5)\cdot\sin\varphi_a=(199.900-0.5)\times\sin11°40'17''=40.338(\text{m})$$

$$x_{a3}=x_0+\Delta x=500.000+195.277=695.277(\text{m})$$

$$y_{a3}=y_0+\Delta y=500.000+40.338=540.338(\text{m})$$

按照此法，其余放样点均可求出。由于 a_i、d_i 位于径向放样线上，只有 a_1 与 d_1 至径向分块线的距离为 0.5m，其余各点到径向分块线的距离可由下式计算，结果分别为 0.458m、0.411m 及 0.360m。

计算公式为

$$d=\frac{0.5}{R_1}\cdot R_i\quad(i=1,2,3,4)$$

2. 放样点测设

计算出各放样点的坐标后，可以根据实际情况采用角度交会法或极坐标法将其测设到实地。目前广泛采用全站仪进行放样，方法简单且精度高。放样点测设完毕，应丈量放样点间的距离，比较是否与计算距离相等，以资校核。

11.2.3 双曲拱坝的放样

从投影到平面上的图形来看，双曲拱坝由不同圆心和不同半径的一些圆曲线组成，所有圆心都与拱顶位于同一直线上，这条直线称为拱顶中心线。双曲拱坝一般采取每隔2或3m高度分层施工、分层放样，每一施工分层面要在上、下游边缘相隔3~5m各放样出一排点，作为施工的定位依据。用角度交会法放样的点位精度较高，比较灵活，受地形条件及施工干扰影响较少，在拱坝放样测量中应用比较广泛。

11.3 水 闸 的 放 样

11.3.1 水闸放样的主要内容

水闸是一种利用闸门挡水和泄水的低水头水工建筑物，一般由闸室、上游连接段和下游连接段三部分组成。闸室是水闸的主体，包括闸门、闸墩、边墩（岸墙）、底板、工作桥等。上、下游连接段包括翼墙、护坡、护坦、海漫等。

水闸的施工放样，如图 11.8 所示，包括测设水闸的主轴线 AB 和 CD、闸墩中线、闸孔中线、闸底板的范围以及各细部的平面位置和高程等。

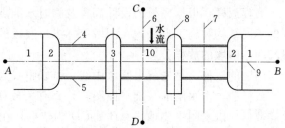

图 11.8 水闸平面位置示意图

1—坝体；2—侧墙；3—闸墩；4—检修闸门；5—工作闸门；
6—水闸中线；7—闸孔中线；8—闸墩中线；9—水闸
中心轴线；10—闸室

11.3.2 水闸主要轴线的放样

（1）水闸主轴线由闸室中心线（横线）和河道中心线（纵线）两条相互垂直的轴线组成。从水闸设计图纸上量出两轴交点和各端点的坐标，并将施工坐标换算成测图坐标，根据临近控制点进行放样。

（2）如图 11.9 所示，精密测定 AB 的长度，并标定中点 O 的位置。在 O 点安置经纬仪，测设 AB 的垂线 CD。

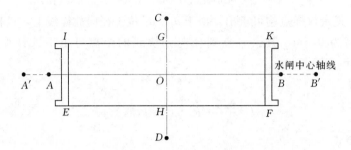

图 11.9　水闸放样的主要点线

（3）主轴线测定后，应在交点 O 点检测它们是否相互垂直，若误差超过 $10''$，应以闸室中心线为基准，重新测设一条与它垂直的直线作为纵向主轴线，其测设误差应小于 $10''$。

（4）主轴线测定后，将 AB 向两端延长至施工范围外（即 A'、B'），每端各埋设两个固定标志以表示方向。其目的是检查端点位置是否发生移动，并作为恢复端点位置的依据。

11.3.3　闸底板的放样

闸底板是闸室和上游、下游翼墙的基础。闸底板放样的目的是放样底板立模线的位置，以便装置模板进行浇筑。

如图 11.9 所示，根据底板的设计尺寸，由主要轴线的交点 O 起，在 CD 轴线上，分别向上、下游各测设底板长度的一半，得 G、H 两点。

在 G、H 点上分别安置经纬仪，测设与 CD 轴线相垂直的两条方向线，两方向线分别与边墩中线的交点 E、F、I、K，即为闸底板的四个角点。

如果量距较困难，可用 A、B 点作为控制点，同时假设 A 点坐标为一整数，根据闸底板四个角点到 AB 轴线的距离及 AB 长度，可推算出 B 点及四个角点的坐标，再反算出放样角度，用前方交会法放样出四个角点。

高程放样，根据底板的设计高程及临时水准点的高程，采用水准测量的方法，根据水闸的不同结构和施工方法，在闸墩上标志出底板的高程位置。

11.3.4　闸墩的放样

闸墩的放样，是先放出闸墩中线，再以中线为依据放样闸墩的轮廓线。

放样前，由水闸的基础平面图，计算有关放样数据。如图 11.9 所示，根据计算出的放样数据，以水闸主要轴线 AB 和 CD 为依据，在现场定出闸孔中线、闸墩中线、闸墩基础开挖线、闸底板的边线等。

待水闸基础打好混凝土垫层后，在垫层上精确地放出主要轴线和闸墩中线等，根据闸墩中线放出闸墩平面位置的轮廓线。

闸墩平面位置轮廓线的放样包括：

直线部分的放样：根据平面图上设计的尺寸，用直角坐标法放样。

曲线部分的放样：闸墩上游一般设计成椭圆曲线。

（1）如图 11.10 所示，计算出曲线上相隔一定距离点（如 1、2、3 等）的坐标，再计算出椭圆的对称中心点 P 至各点的放样数据 β_i 和 L_i。

（2）根据点 T，测设距离 L 定出点 P，在 P 点安置全站仪，以 PT 方向为后视，用极坐标法放样1、2、3等点。同法放样出与1、2、3点对称的 $1'$、$2'$、$3'$ 点。

闸墩各部位的高程放样，根据施工场地布设的临时水准点，按高程放样方法在模板内侧标出高程点。随着墩体的增高，可在墩体上测定一条高程为整米数的水平线，并用红油漆标出来，作为继续往上浇筑时量算高程的依据，也可用钢卷尺从已浇筑的混凝土高程点上直接丈量放样高程。

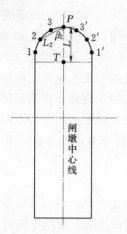

图 11.10 水闸平面位置示意图   图 11.11 下游溢流面纵断面图

11.3.5 下游溢流面的放样

如图 11.11 所示，采用局部坐标系，以闸室下游水平方向线为 x 轴，闸室底板下游高程为溢流面的原点（变坡点），通过原点的铅垂方向为 y 轴，即溢流面的起始线。

沿 x 轴方向每隔 $1\sim2$m 选择一点，则抛物线上各相应点的高程为

$$H_i = H_0 - y_i \tag{11.6}$$

$$y_i = 0.0006 x^2 \tag{11.7}$$

式中 H_i——点的设计高程；

H_0——下游溢流面的起始高程，可从设计的纵断面图上查得；

y_i——与 O 点相距水平距离为 x_i 的 y 值，即高差。

在闸室下游两侧设置垂直的样板架，根据选定的水平距离，在两侧样板架上作一垂线。再用水准仪按放样已知高程点的方法，在各垂线上标出相应点的位置。

连接各高程标志点，得设计的抛物面与样板架的交线，即抛物线。施工员根据抛物线安装模板，浇筑混凝土后即为下游溢流面。

11.4 隧 洞 的 放 样

11.4.1 隧洞放样的主要内容

隧道开挖中的基本放样测量工作包括指导隧道开挖的中线放样、指导坡度施工的腰线

放样、确定开挖轮廓线的断面放样等。在隧道开挖施工过程中，根据洞内布设的地下导线点，经坐标推算确定隧道中心线方向上有关点位，以准确知道隧道的开挖方向和便于日常施工放样。

11.4.2　洞内中线放样

隧道洞内施工，是以中线为依据控制开挖方向来进行。根据施工方法和施工顺序不同，一般常用的有中线法和串线法。

1. 中线法

当隧道用全断面开挖法进行施工时，通常采用中线法。其方法为根据进行洞内隧道控制测量时布设的导线点位的实际坐标和中线点的理论坐标，反算出距离和角度，利用极坐标法，根据导线点测设出中线点。一般直线地段 150～200m，曲线地段 60～100m，应测设一个永久的中线点。随着开挖面向前推进，当已测设的中线点离开挖面越来越远时，需要将中线点向前延伸，埋设新的中线点。在直线上应采用正倒镜分中法延伸直线；曲线上则采用偏角法或弦线偏距法来测定中线点。用两种方法检测延伸的中线点时，其点位横向较差不得大于 5mm，超限时应以相邻点来逐点检测至符合要求的点位，并向前重新定正中线。

2. 串线法

当隧道采用开挖导坑法施工时，可用串线法指导开挖方向。用串线法延伸中线时，首先设置三个临时中线点，两临时中线点的间距不小于 5m。标定开挖方向时，可在这三个点上悬挂垂球线，先检验三点是否在一条直线上，如正确无误，可用肉眼瞄直，在工作面上给出中线位置，指导掘进方向。当串线延伸长度超过临时中线点的间距时（直线段为 30m、曲线段为 20m），则应设立一个新的临时中线点。

随着开挖面不断向前推进，中线点也随之向前延伸，地下导线也紧跟着向前敷设，为保证开挖方向正确，必须随时根据导线点来检查中线点，随时纠正开挖方向。

11.4.3　腰线放样

根据洞内水准点的高程，沿中线方向每隔 5～10m，在洞壁上高出隧道底部设计地坪 1m 的位置标定的抄平线，称为腰线。腰线与洞底地坪的设计高程线是平行的，可以控制隧道坡度和高程的正确性。施工人员根据腰线可以很快地放样出坡度和各部位高程。

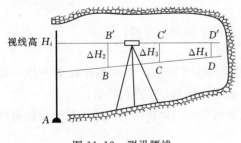

图 11.12　测设腰线

腰线的测设步骤如下。

（1）如图 11.12 所示，将水准仪安置在欲测设腰线的地方，后视洞内地下水准点 A 上水准尺读数 a，得视线高程

$$H_i = H_A + a$$

根据视线高在洞壁上每隔 5～10m 标出 B'、C'、…。

（2）因为腰线点 B、C、…的高程为它们的设计高程 $H_{B设}$、$H_{C设}$、…加上 1m，即

$$H'_{B腰} = H_{B设} + 1$$

$$H'_{C腰} = H_{C设} + 1$$

$$\vdots$$

（3）求 B、C、… 点处视线高与 $H'_{B腰}$、$H'_{C腰}$、… 的差值

$$\Delta H_2 = H'_{B腰} - H_i$$

$$\Delta H_3 = H'_{C腰} - H_i$$

$$\vdots$$

若 ΔH_i 为正，则由视线高程处竖直向上量取 ΔH_i，得腰线点；若 ΔH_i 为负，则由视线高程处竖直向下量取 ΔH_i，得腰线点，BC 连线称为腰线。

11.4.4 开挖断面放样

如图 11.13 所示，隧道断面放样测量，主要是对掌子面轮廓点的定位测量。由于隧道平面轴线有可能是曲线型的，隧道竖向也可能出现纵坡，隧道横向断面可能是圆形，椭圆形，城门洞形，或由多圆心组成，这就给测量放样带来了诸多不便，需要充分利用计算器与全站仪的配合来完成。仅以城门洞形、平隧道为例。平面控制是以导线形式跟随隧道掘进速度逐步布设完成，导线的边长宜近似相等，直线段不宜短于 200m，曲线段不宜短于 50m，放样控制点距掌子面一般不大于 50m。其放样方法为，安置仪器于控制点上，设置仪器选择极坐标放样法，后视隧道后方控制点，设站完成并校核无误后，即可对掌子面进行轮廓点测定，位置应沿成型的周边位置测定，并采集测点坐标数据输入预先编好程序的计算器中，通过计算器显示的数据判断该点是否位于轮廓线上，采用逐进法逐步完成准确位置。轮廓点宜均匀布置，轮廓线的特征点需要测定。当完成轮廓点放样后，应使用油漆将各点连线成形，转交现场施工人员。

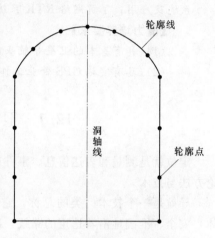

图 11.13 隧道断面放样测量

第 12 章 卫星导航定位技术及其在工程中的应用

【学习内容及教学目标】

通过本章学习，了解导航定位技术的发展历史、种类及我国的"北斗"卫星导航系统的发展概况；了解 GPS 静态定位原理及外业实施过程；了解 RTK 测量系统及应用；了解网络 RTK 系统组成。

【能力培养要求】

(1) 具有基本的卫星导航基础知识。

(2) 具有实施 GPS 外业工作的能力。

12.1 卫星定位测量技术概述

定位就是测量和表达信息、事件或目标发生在什么时间、与什么相关的空间位置的理论方法与技术。

导航是一个技术门类的总称，它是引导飞机、船舶、车辆以及个人（总称为运动载体）安全、准确地沿着选定的路线，准时到达目的地的一种手段。

定位与导航技术是涉及自动控制、计算机、微电子学、光学、力学以及数学等多学科的高科技技术，是实现飞行器特别是航天器飞行任务的关键技术，也是武器精确制导的核心技术，这对于提高航空器、航天器以及武器装备的机动性、反应速度和远程精确打击能力具有重要意义，在海、陆、空、天等现代高技术武器及武器平台中得到广泛的应用。

12.1.1 卫星定位导航系统分类

世界上现有卫星定位导航系统包括美国的全球卫星定位系统（GPS）、俄罗斯的全球卫星导航系统（GLONASS）、欧盟的伽利略全球卫星导航系统（GALILEO）、中国的北斗卫星导航系统（BDS）以及由欧洲空间局筹建的集美国的 GPS、俄罗斯的 GLONASS、欧洲的 GALILEO、中国的 BDS 卫星导航系统以及相关的增强系统为一体的，在全球范围内应用的导航定位卫星系统（GNSS）。

1. GPS 全球卫星定位系统

GPS 是美国国防部为军事目的而建立的，旨在解决海上、空中和陆地运载工具的导航和定位问题。

GPS 主要由空间卫星星座、地面监控及用户设备三部分构成。

如图 12.1 所示，GPS 空间卫星星座由 21 颗工作卫星和 3 颗在轨备用卫星组成。24 颗卫星均匀分布在 6 个轨道平面内，轨道平面的倾角为 55°，卫星的平均高度为 20200km，运行周期为 11h 58min。在地球表面上的任何地点、任何时刻，在高度角 15° 以上，平均可同时观测到 6 颗卫星，最多可达到 11 颗。

GPS 的地面监控部分由 1 个主控站、5 个监测站和 3 个注入站构成。主控站的主要作用是收集各监测站的观测值数据、卫星时钟等，并根据所收集的数据计算卫星星历、卫星状态、时钟改正、大气传播改正等，并对整个地面监控部分进行控制和协调。监测站的主要作用是将取得的卫星观测数据、卫星时钟、电离层和气象数据等，经过初步处理后，传送到主控站。注入站的主要作用是把主控站计算出的卫星轨道、时钟参数等导航数据及主控站指令注入到卫星。

GPS 用户设备由 GPS 接收机、数据处理软件及计算机及其终端设备等组成。其作用是，GPS 接收机捕

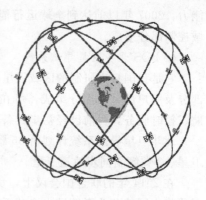

图 12.1 GPS 卫星星座

获一定高度截止角的卫星信号，跟踪卫星运行，并对信号进行处理，再通过计算机和数据处理软件，经基线解算、网平差，求出 GPS 接收机中心（测站点）的三维坐标。

通常 GPS 接收机接收到四颗卫星的信号就能够确定运动载体的方位，是当前移动目标导航定位的主流。1992 年 GPS 正式向全世界开放，1994 年在中国市场开始得到应用。GPS 以精确位置与定时信息，已成为支持世界范围各种民用、科研和商业活动的一种资源。

2. GLONASS 全球卫星导航系统

GLONASS 是苏联研制并由俄罗斯继续发展的全球卫星导航系统，与 GPS 全球定位系统相同，也是由空间卫星星座、地面监控及用户设备三部分构成。GLONASS 空间卫星星座由 21 颗工作卫星和 3 颗在轨备用卫星组成。如图 12.2 所示，24 颗卫星均匀分布在 3 个圆形轨道平面内，每个轨道平面上有 8 颗卫星，轨道平面的倾角为 64.8°。卫星的平均高度为 19000km，运行周期为 11h 15min。地面监控部分由系统控制中心、中央同步器、遥测遥控站（含激光跟踪站）和外场导航控制设备组成。

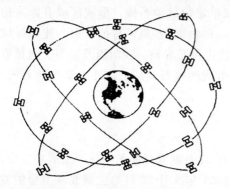

图 12.2 GLONASS 卫星星座

GLONASS 可用于陆、海、空等各类用户的定位、测速及精密定时等。目前已完成了 24 颗工作卫星加一颗备用卫星空间星座布局，每天 24h 每时刻各地的用户可见 5～8 颗卫星。卫星识别采用频分多址，24 颗卫星各占一个频率，现已向全世界开放。

3. GALILEO 全球卫星导航系统

欧洲为了满足本地区导航定位的需求，计划开发针对 GPS 和 GLONASS 的广域星基增强系统（EGNOS），包括地面设施和空间卫星，以提高 GPS 和 GLONASS 系统的精度、完备性和可用性。同时，为了打破目前世界美、俄全球定位系统在这一领域的垄断，欧洲决定启动伽利略计划，建立自主的民用全球卫星定位系统（GALILEO）。EGNOS 是

欧洲 GALILEO 计划的第一阶段，也是 GALILEO 计划的基础，在 2002 年达到初始运行能力，2007 年以前达到全球运行能力。它由星座部分、有效载荷、地面监控系统以及区域控制部分组成。

4. BDS 北斗卫星导航系统

它是我国自主研制的区域卫星导航与定位系统。北斗卫星导航系统由空间部分、地面部分及用户部分三部分组成，可在全球范围内全天候为各类用户提供高精度的定位、导航、授时服务，目前已经初步具备区域导航、定位和授时能力。

北斗卫星导航系统计划由 35 颗卫星组成，包括 5 颗静止轨道卫星、27 颗中地球轨道卫星、3 颗倾斜同步轨道卫星。

在 2014 年的联合国会议上，负责制定国际海运标准的国际海事组织海上安全委员会，正式将中国的北斗系统纳入全球无线电导航系统。这意味着继美国的"GPS"和俄罗斯的"GLONASS"后，中国的导航系统已成为第三个被联合国认可的海上卫星导航系统。

5. GNSS 导航定位卫星系统

全球导航定位卫星系统（Global Navigation Satellite System，GNSS）是由欧洲空间局筹建的集美国的 GPS、俄罗斯的 GLONASS、欧洲的 GALILEO、中国的 BDS 卫星导航系统以及相关的增强系统为一体的，在全球范围内应用的导航定位卫星系统。

由于 GNSS 综合了多种卫星导航系统的卫星信号，增加了整个系统可视卫星的数目，改善了卫星几何位置配置，可在任何地方有较大高度角的卫星提供选择，这样 GNSS 比单系统有更高的定位精度和更好的完整性状态。基于这个综合性系统开发的接收机，可同时接收多个系统的卫星信号，享受多个系统的导航服务。

12.1.2 北斗卫星导航系统

北斗卫星导航系统是中国正在实施的自主研发、独立运行的全球卫星导航系统，其发展过程采取"三步走"。第一步，建立了北斗卫星双星定位试验系统，形成区域有源定位与导航服务能力；第二步，于 2012 年 10 月完成了三种轨道 16 颗卫星的发射，建成区域导航系统，形成区域无源服务能力，向亚太地区提供定位、导航、授时以及短报文通信服务；第三步，预计 2020 年完成三种轨道 35 颗卫星组成的覆盖全球的北斗卫星导航系统，形成全球服务能力。

12.1.2.1 北斗卫星导航试验系统（北斗一号）

1. 发展简介

方案于 1983 年提出，2000 年 10 月 31 日和 12 月 21 日两颗试验的导航卫星成功发射，标志我国已建立起第一代独立自主导航定位系统。2003 年 5 月 25 日第三颗北斗卫星的发射成功，它作为备份星与前两颗卫星组成了一个完整的卫星导航系统，这项任务的完成标志着我国成为继美国 GPS、俄罗斯 GLONASS 后，第三个建立了卫星导航系统的国家。该系统服务范围为东经 70°～140°、北纬 5°～55°。在卫星的寿命到期后（设计值 8 年），系统已停止工作。

2. 定位原理

北斗一号系统的双星定位原理实质是空间球面交会，首先测定两颗卫星与用户接收机的距离，以两颗卫星的当前坐标分别为球心，以距离为半径形成两个球面，用户接收机必定位于这两个球面的交线上，中心控制系统提供以地心至地球表面高度为半径的一个非均匀球面，该球面实际上就是近似地球，再求解圆弧线与地球表面的交点，限定为北半球，即可获得用户的平面位置，然后根据地面控制中心的数字地面高程模型求出用户的高程，求出的三维坐标由卫星加密后播发给用户。

3. 系统组成

北斗卫星导航试验系统包括空间部分、地面中心系统、用户部分三部分组成。

空间部分：由 3 颗地球静止轨道卫星组成，两颗工作卫星定位于东经 80°和 140°赤道上空，另有一颗位于东经 110.5°的备份卫星，可在某工作卫星失效时予以接替。

地面中心系统：包括地面应用系统和测控系统，主要用于卫星轨道的确定、电离层校正、用户位置确定、用户短报文信息交换等。并可提供距离观测量和校正参数，具有位置报告、双向报告通讯及双向授时功能。

用户部分：车辆、船舶、飞机以及各军兵种低动态及静态导航定位的用户。

精度：平面精度±20m，高程精度±10m，授时精度 20ns。

该系统是全天候提供卫星导航信息的区域导航系统，主要为公路、铁路、海上交通等领域提供导航定位服务，对我国国民经济和国防建设起到了重要的推动作用。

由于该系统是采用少量卫星实现的有源定位，成本较低，系统在定位精度、用户容量、定位的频率次数、隐蔽性等方面均受到限制。另外该系统无测速功能，不能用于精确制导武器。

12.1.2.2　北斗卫星导航系统（北斗二号）

1. 发展简介

该系统是在北斗一号的基础上建设的，英文简称 BDS，"北斗卫星导航系统"一词一般用来特指北斗二号。它的发展目标是对全球提供无源定位，与全球定位系统相似，并与北斗卫星导航试验系统（北斗一号）兼容。

北斗卫星导航系统的建设于 2004 年启动，2012 年 12 月 27 日起正式提供卫星导航服务，一般服务范围为东经 55°～180°，南纬 55°～北纬 55°，涵盖亚太大部分地区，截至目前，北斗二号导航系统已发射 16 颗导航卫星，该导航系统提供开放服务和授权服务两种方式。北斗卫星导航系统计划在 2020 年完成对全球的覆盖，为全球用户提供定位、导航、授时服务。

2. 定位原理

其定位原理由北斗一号发展而来。即已知任意三颗卫星的瞬时位置，测量出三颗卫星到用户的距离，以卫星作为圆心，以距离作为半径形成一个球面，三颗卫星就可以形成三个球面，则用户必定位于三个球面的交汇处，即三球交会定位。但由于测距时卫星与用户的时间不同步，所以将此钟差也作为未知数，与用户的坐标 x、y、h，共计四个未知数，所以需要四颗卫星来列出 4 个伪距测量观测方程才能求解用户端的三维位置。

3. 系统组成

北斗卫星导航系统（北斗二号）也是由空间部分、地面部分、用户部分三部分组成。

空间部分：北斗卫星导航系统空间部分计划由 35 颗卫星组成，包括 5 颗静止轨道卫星、27 颗中地球轨道卫星、3 颗倾斜同步轨道卫星。

至 2012 年底北斗亚太区域导航正式开通时，系统已发射了 16 颗卫星，其中 14 颗组网并提供服务，分别为 5 颗静止轨道卫星、5 颗倾斜地球同步轨道卫星（均在倾角 55°的轨道面上），4 颗中地球轨道卫星（均在倾角 55°的轨道面上）。

地面部分：由主控站、注入站、监测站组成。

主控站用于系统运行管理与控制。主要作用是收集各监测站的观测值数据、卫星时钟及工作状态数据等，并根据所收集的数据计算卫星星历、卫星状态、时钟改正、大气传播改正，并将其发送到注入站。注入站用于向卫星发送主控站计算出的卫星轨道和时钟参数等数据，在每颗卫星运行至上空时，把这些导航数据及主控站指令注入到卫星。监测站的主要作用是将取得的卫星观测数据、卫星时钟及工作状态数据、电离层和气象数据，经过初步处理后，传送到主控站。

用户部分：用户设备由接收机、数据处理软件、计算机及其终端设备等组成。既可以是专用于北斗卫星导航系统的信号接收机，也可以是同时兼容其他卫星导航系统的接收机。

12.1.2.3 北斗导航定位系统的功能

北斗卫星导航系统提供定位、导航、授时服务，分为开放服务和授权服务两种方式。

开放服务：定位精度平面 10m、高程 10m，测速精度 0.2m/s，授时精度单向 50ns。

授权服务：分为军用和民用，在亚太地区借助广域增强技术，根据授权用户的不同等级提供不同的定位精度。还可以为授权用户提供信息的收发。

北斗卫星导航系统的建设是我国卫星导航定位技术划时代的成就，它为我国在确立国家形象和国际地位方面具有重要意义，它的建设促进卫星导航产业链的形成，推动了卫星导航在国民经济社会各行业的广泛应用。

12.2 GPS 静态应用

12.2.1 卫星定位测量的主要技术要求

卫星定位测量必须按照相关的测量规范进行，目前现行的 GPS 测量国家规范有：《全球定位系统（GPS）测量规范》（GB/T 18314—2009）、《工程测量规范》（GB 50026—2007）。

按照工程测量规范（GB 50026—2007）规定，各等级卫星定位测量控制网的主要技术指标，应符合表 12.1 的规定。

表 12.1　　　　　　　　　卫星定位测量控制网的主要技术要求

等级	平均边长 /km	固定误差 a/mm	比例误差系数 b/(mm/km)	约束点间的边长相对中误差	约束平差后最弱边相对中误差
二等	9	≤10	≤2	≤1/250000	≤1/120000
三等	4.5	≤10	≤5	≤1/150000	≤1/70000
四等	2	≤10	≤10	≤1/100000	≤1/40000
一级	1	≤10	≤20	≤1/40000	≤1/20000
二级	0.5	≤10	≤40	≤1/20000	≤1/10000

12.2.2 GPS 控制网施测步骤

1. 准备工作

(1) 已有资料的收集与整理。主要收集测区基本概况资料、测区已有的地形图、控制点成果、地质和气象等方面的资料。

(2) GPS 网形设计。如图 12.3 所示，GPS 网图形的基本形式有点连式、边连式、边点混连式、星形网、环形网。其中：点连式、星形网附合条件少，精度低；边连式附合条件多，精度高，但工作量大；边点混连式和环形网形式灵活，附合条件多，精度较高，是常用的布设方案。

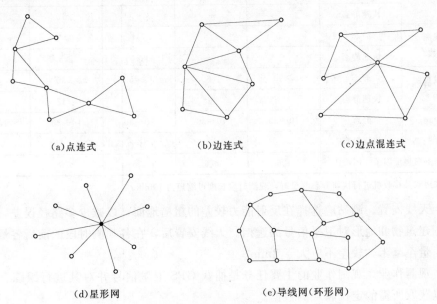

(a)点连式   (b)边连式   (c)边点混连式

(d)星形网   (e)导线网(环形网)

图 12.3 GPS 网图形的基本形式

(3) 观测精度标准，各等级控制网的基线精度：

$$\sigma = \sqrt{a^2 + (bd)^2}$$

式中 σ——GPS 基线向量的弦长中误差，mm；

  a——接收机标称精度中的固定误差，mm；

  b——接收机标称精度中的比例误差系数，mm/km；

  d——GPS 网中相邻点间的距离，km。

2. 选点和埋石

由于 GPS 观测站之间不需要相互通视，所以选点工作较常规测量要简便得多。但是，考虑到 GPS 点位的选择对 GPS 观测工作的顺利进行并得到可靠的观测结果有重要的影响，所以应根据测量任务、目的、测区范围对点位精度和密度的要求，充分收集和了解测区的地理情况及原有的控制点的分布和保存情况，以便恰当地选定 GPS 点的点位。

3. GPS 外业观测

(1) 选择作业模式。为了保证 GPS 测量的精度，在测量上通常采用载波相位相对定位的方法。GPS 测量作业模式与 GPS 接收设备的硬件和软件有关，主要技术指标见

表 12.2。

表 12.2 GPS 控制测量作业的基本技术要求

等　级		二　等	三　等	四　等	一　级	二　级
接收机类型		双频或单频	双频或单频	双频或单频	双频或单频	双频或单频
仪器标称精度		10mm＋2ppm	10mm＋5ppm	10mm＋5ppm	10mm＋5ppm	10mm＋5ppm
观测量		载波相位	载波相位	载波相位	载波相位	载波相位
卫星高度角 /(°)	静态	≥15	≥15	≥15	≥15	≥15
	快速静态	—	—	—	≥15	≥15
有效观测 卫星数	静态	≥5	≥5	≥4	≥4	≥4
	快速静态	—	—	—	≥5	≥5
观测时段长度 /min	静态	≥90	≥60	≥45	≥30	≥30
	快速静态	—	—	—	≥15	≥15
数据采样 间隔/s	静态	10～30	10～30	10～30	10～30	10～30
	快速静态	—	—	—	5～15	5～15
点位几何图形强度因子（PDOP）		≤6	≤6	≤6	≤8	≤8

注 当采用双频接收机进行快速静态测量时，观测时段长度可缩短为 10min。

（2）天线安置。测站应选择在反射能力较差的粗糙地面，以减少多路径误差，并尽量减少周围建筑物和地形对卫星信号的遮挡。天线安置后，在各观测时段的前后各量取一次仪器高，量至毫米，较差不应大于 3mm。

（3）观测作业。观测作业的主要任务是捕获 GPS 卫星信号并对其进行跟踪、接收和处理，以获取所需的定位和观测数据。

（4）观测记录与测量手簿。观测记录由 GPS 接收机自动形成，测量手簿是在观测过程中由观测人员填写。

4．内业计算

（1）GPS 基线向量的计算及检核。GPS 测量外业观测过程中，必须每天将观测数据输入计算机，并计算基线向量。计算工作是应用随机软件或其他研制的软件完成的。计算过程中要对复测基线闭合差、同步环闭合差、异步环闭合差进行检查计算，闭合差应符合规范要求。

（2）GPS 网平差。GPS 控制网是由 GPS 基线向量构成的测量控制网。平差时使用 GPS 数据处理软件进行，首先提取基线向量，进行三维无约束平差，但由于绝大部分用户需要国家大地坐标系坐标或区域独立坐标，所以引入起算数据进行约束平差，当然还可以引入地面常规观测值进行联合平差。

5．提交成果

提交成果包括技术设计说明书、卫星可见性预报表和观测计划、GPS 网示意图、GPS 观测数据、GPS 基线解算结果、GPS 控制点的 WGS-84 坐标、GPS 控制点的国家坐标系的坐标或地方坐标系的坐标。

12.3 RTK 技 术 简 介

12.3.1 常规 RTK 测量系统简介

实时动态 (Real Time Kinematic，RTK) 测量系统，是 GPS 测量技术与数据传输技术相结合，而构成的组合系统，它是 GPS 测量技术发展中的一个新的突破。

RTK 测量技术，是以载波相位观测量为基础的实时差分 GPS 测量技术。常规 GPS 测量工作模式有静态、快速静态、准动态和动态相对定位等。但是这些测量模式，如果不与数据传输系统相结合，其定位结果均需通过观测数据的测后处理而获得。无法实时地给出观测站的定位结果，也不能对观测数据的质量进行实时检核，所以难以避免在数据后处理中发现不合格的测量成果，造成返工重测。而 RTK 测量技术的出现改变了传统 GPS 的作业方式，如图 12.4 所示，在基准站上安置一台 GPS 接收机，对所有可见 GPS 卫星进行连续地观测，并将其观测数据，通过无线电传输设备，实时地发送给用户观测站。在用户站上，GPS 接收机在接收 GPS 卫星信号的同时，通过无线电接收设备，接收基准站传输的观测数据，然后根据相对定位的原理，实时地计算并显示用户站的三维坐标及其

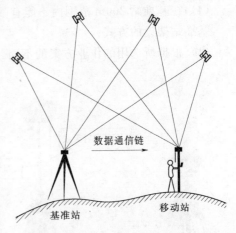

图 12.4 RTK 测量原理

精度。这样，通过实时计算的定位结果，便可监测基准站与用户站观测成果的质量和了解其结果的收敛情况，从而实时地判定解算结果是否成功，以减少冗余观测，缩短观测时间。

12.3.2 常规 RTK 测量系统外业使用实例

下面以中海达 V30 GNSS RTK 系统为例进行介绍。

12.3.2.1 中海达 V30 GNSS RTK 系统作业方案配置

该测量系统提供三种作业方案：内置网络 (GSM) 模式、内置电台模式、外挂电台模式。

电台模式作业由于数传电台的高可靠性和高频率稳定度，传输误码率低，保证测绘数据在不同环境下进行的准确传输，但缺点是电台的传输距离有限，特别是内置电台距离更近，外挂电台由于需要携带蓄电池，连接电缆线，发射天线等，所以作业不太方便。而网络 (GSM) 模式作业优点是差分数据获取无距离限制，根据经验，用网络模块在好的情况下作业距离可达 30KM，并且携带方便，作业只需插入手机卡登录网络，不用携带笨重的电台和电瓶，实现无线缆作业。缺点是公众网面向公众话音、数据、互联网等业务，信道共用，在用户量较大或基站业务繁忙时，容易造成信息阻塞和丢失，不能保证实时收发信息。另外无论是中国移动的 GPRS 网络还是中国联通的 CDMA 网络都存在网络稳定性、可靠性和传输数据速度的问题。

所以，采用什么样的配制作业方案是测量前要考虑的，根据测区情况及现有配置情况而定。

12.3.2.2　作业步骤

1. 架设基准站

基准站位置的选择要求：

（1）交通方便，地势较高的点位。

（2）基准站 GPS 天线 15°高度角以上不能有成片的障碍物。

（3）基准站应远离高层建筑及成片水域。

（4）在基准站 200m 范围内不能有强电磁干扰源。

基准站架设的方式：

（1）根据所选用的作业方案的不同，基准站的架设不同，如图 12.5 所示。

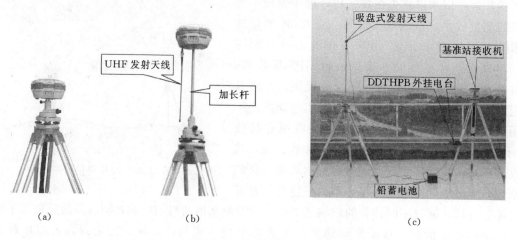

图 12.5　基准站架设方式

（2）内置网络（GSM）模式基站架设，如图 12.5（a）所示。

（3）内置电台模式基准站架设，如图 12.5（b）所示。

（4）外挂电台模式基准站架设，如图 12.5（c）所示。

（5）基站架设好后，在相距 120°的三个位置量取仪器高，并记录。

基准站设置如下。

（1）启动接收机，设置需要的工作方式：基准站。

（2）使用 Hi-RTK 手簿连接基准站，包括串口、蓝牙、网络等连接方式。

（3）设置基准站和移动站之间的通讯模式及参数，包括"内置电台""内置网络""外部数据链"等。

（4）设置差分模式、差分电文格式、高度截止角、天线高。

（5）设置项目文件，包括项目名称、坐标系统、投影参数等参数。

（6）设置基准站位置，如果基准站架设在已知点上，且知道转换参数，可输入已知点的当地平面坐标，任意位置设站时，务必进行平滑采集，获得相对准确的 WGS-84 坐标进行设站。

（7）断开手簿与基准站的连接。

2. 移动站设置

（1）启动接收机，设置需要的工作方式：移动站。

（2）使用 Hi - RTK 手簿连接移动站。

（3）设置基准站和移动站之间的通讯模式及参数，与基准站设置对应，使用内置电台时，频道必须与基准站一致。

（4）设置差分模式、差分电文格式、高度截止角、天线高等参数。

点校正与点平移：

由于 RTK 施测的坐标是 WGS - 84 坐标，但我们常用的是北京 54 坐标或国家 80 坐标，当测区只有一个北京 54 坐标或国家 80 坐标或只有一个和 WGS - 84 坐标系旋转很小的坐标系的坐标，

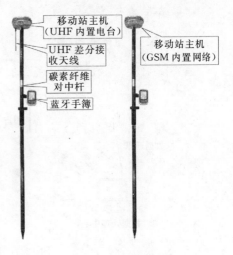

图 12.6　移动站配置

基准站架设好后，移动站可以直接到已知点进行点校验，采集当前点的 WGS - 84 坐标，同时输入已知点的当地坐标，就可得到校验参数，应用后所采集的点的坐标将自动通过校验参数改正为和已知点同一坐标系统的坐标。还有工程测量里，希望采集后直接得到当地的独立工程坐标系的 x、y、h，可通过点平移参数的计算直接得到独立工程坐标系的 x、y、h。

3. 测量

以上设置完成之后，即可进行碎部点的采集、点位的放样等工作。

12.3.3　网络 RTK 测量系统简介

1. 网络 RTK 定义

由于常规 RTK 作业工作距离短，定位精度随距离的增加而显著降低，单参考站模式可靠性差，大的区域作业需要多次设站等问题，所以依据 RTK 的测量原理，利用多基站网络 RTK 技术取代 RTK 单独设站，也就是在某一区域内建立多个 CORS 基准站，对该地区构成网络覆盖，并以这些基准站中的一个或多个为基准，计算和播发 GNSS 改正信息，对该地区的定位及导航用户进行实时改正的定位方式，称为网络 RTK。也称为多基站 RTK 技术。相对于传统 RTK 来说，网络 RTK 具有覆盖范围广、成本低、精度和可靠性高、应用范围广、初始化时间短等优点。

2. 网络 RTK 系统组成

如图 12.7 所示，网络 RTK 系统组成包括以下几个方面。

（1）基准站网。基准站网由范围内均匀分布的基准站组成，负责采集 GPS 卫星观测数据并输送至数据处理中心，同时提供系统完好性监测服务。

（2）数据通讯链路。

数据传输链路：各基准站数据通过光纤专线传输至监控分析中心，该系统包括数据传输硬件设备及软件控制模块。

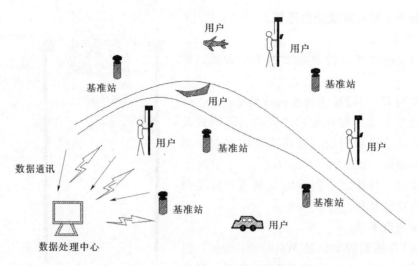

图 12.7　网络 RTK 系统示意图

数据播发链路：系统通过移动网络、UHF 电台、Internet 等形式向用户播发定位导航数据。

（3）数据处理中心。是系统的控制中心，用于接收各基准站数据，进行数据处理，形成多基准站差分定位用户数据，组成一定格式的数据文件，分发给用户。数据处理中心是 CORS 的核心单元，也是高精度实时动态定位得以实现的关键所在。中心 24h 连续不断地根据各基准站所采集的实时观测数据在区域内进行整体建模解算，自动生成一个对应于流动站点位的虚拟参考站（包括基准站坐标和 GPS 观测值信息），并通过现有的数据通信网络和无线数据播发网，向各类需要测量和导航的用户以国际通用格式提供码相位/载波相位差分修正信息，以便实时解算出流动站的精确点位。

（4）用户应用系统。包括用户信息接收系统、网络型 RTK 定位系统、事后和快速精密定位系统以及自主式导航系统和监控定位系统等。按照应用的精度不同，用户服务子系统可以分为毫米至米级用户系统；按照用户的应用不同，可以分为测绘与工程用户（厘米、分米级），车辆导航与定位用户（米级），高精度用户（事后处理）、气象用户等几类。

网络 RTK 已广泛应用于测绘工程、工程施工、空中交通监控、公共安全、地表及建筑物形变监测、农业管理、海、空、港管理等领域中，网络 RTK 的发展，必将朝着长距离、大规模、多频多模、单历元、高精度及高可靠性方向迈进。

12.3.4　RTK 与全站仪数字化测图应用实例比较

RTK 测量工作可参考的规范有中华人民共和国测绘标准《全球定位系统实时动态（RTK）测量技术规范》（CH/T 2009—2010）。已建成 CORS 网的地区，宜优先采用网络 RTK 技术测量。

RTK 数字化测图与全站仪数字化测图的比较，见表 12.3。

从表 12.3 可看出，利用 RTK 定位技术进行数字化测图比全站仪数字化测图更具有优势。在测图工作中，如地势较为开阔就尽量采用 RTK 定位技术进行作业；当遇高大树林等信号遮挡区域时，采用全站仪测图。可见，采用 RTK 协同全站仪进行数字化测图，而非单一方式作业，对提高整体工效是非常有意义的。

表 12.3   **RTK 与全站仪数字化测图比较**

序号	项目	RTK 数字化测图	全站仪数字化测图
1	测区控制测量	不需布设常规测量控制网，只要通过 GPS 静态联测国家控制点来测设测区控制点即可	一般是在国家高等级控制网点的基础上加密次级控制点，然后依据加密的控制点，布设图根控制点
2	外业人员配置	一站观测，并绘工作草图，一般由 2 人完成，其中 1 人看守基站，1 人持 GPS 流动，如采用网络 RTK，1 人即可作业	实时成图：一般需配置 1 位观测员、1 位绘图员、2～3 个跑尺员。事后成图：至少需 2 人，其中 1 人操作仪器观测，1 人跑尺，并绘制工作草图
3	成图方式	一般采取事后成图方式	既可事后成图，也可现场实时成图
4	通视性	基准站与观测碎部点的 RTK 流动站间只要电磁波通视即可，不需几何通视	要求测站点与碎部点必须几何通视
5	作业距离	RTK 的作业半径 20km 以内，水平精度可达 10mm＋1ppm，不存在看不清楚而降低作业精度或者出错的情况	受全站仪最大测程影响，当超出 1.5km 后会因成像不清晰而降低作业精度
6	误差积累	不会积累，单人即可操作	会积累，支点搬站太多，仪器的对中和整平精度不高，都会造成误差
7	气候影响	不受天气影响，靠卫星定位，全天候作业	受天气影响，雾天阴雨天将不能作业
8	独立性	完全独立，基准站与流动站相对独立，工作重点在流动站工作终端，1 人手持流动站即可独立作业	需要协同作业，测站和棱镜必须配合作业，测量时用对讲机协作
9	精度可靠性	卫星定位，在作业范围内都能保证厘米级的精度	较高，靠观测目标，因此距离稍远时无法保证要求精度

参 考 文 献

［1］ 王勇智．GPS 测量技术［M］．2 版．北京：中国电力出版社，2012.

［2］ 靳祥升．水利工程测量［M］．郑州：黄河水利出版社，2008.

［3］ 刘绍堂．控制测量［M］．郑州：黄河水利出版社，2007.

［4］ 李玉宝．控制测量［M］．北京：中国建筑工业出版社，2003.

［5］ 刘文谷．建筑工程测量［M］．北京：北京理工大学出版社，2012.

［6］ 国家测绘地理信息局职业技能鉴定指导中心．测绘综合能力［M］．2 版．北京：测绘出版社，2012.

［7］ 中国有色金属工业协会．工程测量规范（GB 50026—2007）［M］．北京：中国计划出版社，2008.

［8］ 郑金兴．园林测量［M］．北京：高等教育出版社，2002.

［9］ 郑金兴．园林测量［M］．北京：高等教育出版社，2005.

［10］ 李秀江．测量学［M］．北京：中国林业出版社，2003.

［11］ 郭金运，王大武．地籍测绘［M］．北京：地震出版社，1999.

［12］ 李生平．建筑工程测量［M］．北京：高等教育出版社，2002.

［13］ 李聚方．工程测量［M］．北京：测绘出版社，2013.

［14］ 蓝善勇．水利工程测量［M］．北京：中国水利水电出版社，2014.

［15］ 刘普海．水利水电工程测量［M］．北京：中国水利水电出版社，2005.